リーダーのための『孫子の兵法』超入門

内藤誼人
YOSHIHITO NAITO

THE ART OF WAR

水王舎

まえがき

ビジネスに携わる人間なら、絶対に『孫子』を読んでおいたほうがいい。会社を経営する人間にとっても、部下を抱える上司にとっても、新規のお客さまをたくさん獲得したいと思っている営業マンにとっても、うまく職場で立ち回るための方法を学びたい人にとっても、ものすごく役に立つことが書かれているからだ。

「なぜ、ビジネスに兵法を?」と思われるかもしれないが、現代の価値観で判断してはいけない。

二千年以上も前の戦争においては、主力となる武器と言えば、現代のような戦闘機やミサイルではなく、「人」であった。「人の動かし方」に長けていなければ、戦争には勝てなかったのである。その意味で言うと、兵法書というのは、まさに「人の動かし方」の実践マニュアルとしても読めるのである。

どうすれば、兵士にやる気を出させることができるのか。どうすれば兵士に信頼されるのか。どうすれば国を存続させることができるのか。

『孫子』には、それらの問いの答えが書かれているわけであるが、これらの問いは、そのままビジネスに当てはめて、どうすれば社員のモチベーションを高められるのか、どうすれば部下の信頼を獲得できるのか、どうすれば会社を永続できるのか、といった問いに置き換えることができる。

私は心理学者であって、中国の古典の研究者でもないし、ましてや兵法の理論などさっぱりわからない人間であるが、「どうすれば人の心を動かせるのか?」ということはよくわかっているつもりだ。

本書では、『孫子』を参考にしながら、社員掌握術、上司や部下の操縦術、お客さまからの好意獲得術、職場の人間関係で失敗しないコツ、などを論じていきたいと思う。

「なるほど、孫子の兵法は、こんなふうにも応用できるのか!!」ということを学んでいただくことが本書の主な目的である。さらにビジネス心理学という学問に関心のある読者が理解を深めるには、本書の益するところは大であろう。

ちなみに、『孫子』を著した孫武という人物は、中国の呉という国の兵法家であった。当時、呉という国は中国の僻地にある弱小国であったから、孫子の兵法は、弱者のための理論であるといってもよい。「弱小国でも、やり方次第では、いくらでも強くなれるんだよ」というのが孫子の兵法の要諦である。

もともと強い会社、強い人間なら、〝兵法〟などあまり必要ではない。社名をいえば、だれでも頭を下げてくれるような会社なら、お客さまから仕事をとってくるのにもそんなに苦労はしないであろう。そういう人にとっては、あまり孫子の兵法は役に立たないかもしれない。

孫子の兵法が本当に役に立つのは、弱者である。社名の知名度はそんなに高くもないとか、自分もそんなに高学歴でもないとか、特別な技術（スキル）を持ちあわせているわけではない、という〝ビジネス弱者〟に、ぜひ本書を活用していただきたい、と思う。

なお、『孫子』の解釈については、現代のビジネスシーンに適合させるため、かなりの意訳を施してある。どうかご容赦いただきたい。厳密な字句的解釈を求める読者は、どうか孫子の原典に当たっていただければ幸いだ。

目次

第二章 CHAPTER TWO

第三章 CHAPTER THREE 優れたリーダーは「仕組み」を作る……97

第四章 CHAPTER FOUR

優れたリーダーは「情報」を重視し「変化」を見逃さない……123

第五章 優れたリーダーは「時」と「勢い」をうかがう……165

CHAPTER FIVE

第一章 CHAPTER ONE

優れたリーダーは「心」をつかむ

1

人間関係がすべての基本

孫子曰く、兵とは国の大事なり、死生の地、存亡の道、察せざるべからざるなり。［計篇］

孫子は言う、「人」が大事なのだ。会社が生き残るのも、潰れるのも、人が決めるのだ。よく熟慮しなければならない。

どんな業種で仕事をするにしろ、成功するかどうかを決めるのは「人間関係」だ。だれとでも親しくお付き合いができるのなら、仕事はうまくいく。人付き合いがうまくできない人は、仕事もうまくいかない。

カナダにあるカールトン大学のローレイン・ダイクは、さまざまな事業で成功した男性成功者（平均42歳）と、女性成功者（平均39歳）に、「あなたが成功した理由は何でしょうか？」と尋ねてみた。

すると、どちらも成功の一番の理由として、「人間関係」を挙げた。

実に、75％もの人が、「私が成功したのは、人間関係がうまくできたおかげだ」と認めていたのだ。

自分を支えてくれる部下たち、自分をひいきにしてくれるお客さまたちがたくさんいたからこそ、自分は成功できたのだ、と成功者はみな口をそろえて答えている。

鉄鋼王と呼ばれ、莫大な財産を築いたことでも知られるアンドリュー・カーネギーも、自分が仕事で成功したのは、自分を支えてくれる人たちがたくさんいたからだと述べている。

どんな業界であっても、自分を支えてくれる人がいなければ、成功できるわけがない。

いつでも不機嫌そうな顔をして、愛想のひとつも見せられない人は、成功するだろうか。

おそらくは、絶対に成功できない。

かりに、ちょっとくらい仕事ができなくとも、いつでもニコニコしていて、周囲を明るくできるような人でなければ、仕事はうまくいかないものである。なぜなら、私たちは、明るい人が大好きだからだ。

たとえ、ムシャクシャするようなことがあっても、それでも上機嫌でいなければならない。いつでも上機嫌に振る舞っていればこそ、ビジネスチャンスもどんどん転がり込んでくるのである。

出版業もそうで、文章の才能があれば作家になれるのかというと、決してそんなことはない。たとえ少しくらい文章がうまく書けるからといって、性格がイヤな人間では、編集者も仕事を依頼しようとは思わない。

逆に、そんなに才能がなくとも、いつでもニコニコしていて愛想のいい人間のほうが、たくさん仕事を回してもらえるものである。

経営者として成功するのも、組織人として出世していくのも、大切なのは、周囲との人間関係をうまくやっていくことである。仕事のスキルが足りなくとも、人間関係のスキルさえあれば、どんな業種でもけっこううまくやっていけるものなのだ。

2

どんな会社が伸びるのかは、一発で見抜ける

主、いずれか有道なる、将、いずれか有能なる、天地、いずれか得たる、法令、いずれか行わる、兵衆、いずれか強き、士卒、いずれか練《なら》いたる、賞罰、いずれか明らかなると。吾れ、これを以て勝負を知る。〔計篇〕

社長は、どちらが人心を得ているか、マネージャーはどちらが有能か、時期的な、あるいは地理的な状況はどちらが有利か、社内の規則はどちらが厳守されているか、チームはどちらが強いか、社員はどちらがよく訓練されているか、賞罰はどちらが公平か。私は、これらの条件を教えてもらえれば、どちらの会社が成功するかを知ることができる。

孫子は、いくつかの手がかりに注目すれば、戦う前からどちらの軍隊が勝つのかを高確率で予測できる、と断言している。強い会社、強いチームには、たいてい共通して見られる特徴があるというのだ。

孫子は、その第一の特徴として、「社長（将）が、社員（兵）たちに好かれている」を挙げているわけだが、これはまさにその通りであると思う。

米国の超優良企業のひとつであるサウスウエスト航空を率いた最高経営責任者のハーブ・ケレハーは、とにかく社員を大切にすることで知られていた。社員を愛していたといっても過言ではない。

ケレハーは、お客さまよりも社員を大切にし、「社員第一、顧客第二主義」を掲げていたという。お客が第一ではなくて、社員が第一なのだ。

ケレハーは、社長ではあったが、社員の仕事を手伝うのがとても好きで、フライトアテンダントと一緒になって乗客が降りた後の客室内の整理をしたりゴミ拾いをしたり、また日曜日の夜中の3時につなぎの作業着を着て現れて、清掃係の仕事を手伝ったりしたという。

また社内での問題については、ケレハーは改善を約束した場合は必ず実行していたという。そんなケレハーだったから、社員はみなケレハーが大好きだった。サウスウエスト航空が超優良企業へと成長したのも、ケレハーが社員たちに心服されていたからである。

ケレハーが作り上げたサウスウエスト航空の企業文化のひとつに、「それは私の仕事じゃない」というのをやめよう、というものがある。「困っている人がいたら、何でも進んで手助けしようよ」というのである。

ケレハー自身がそれを実践し、だれにでも手を差し伸べたので、サウスウエスト航空では、お互いに手助けし合うのが当たり前になっていった。とても気持ちのいい職場である。

デンバー大学のポール・オルクによると、上に立つ者が率先して下の人のために尽くしていれば、下の人間も上の人間のために頑張ろうという気持ちになる。これを心理学では「返報性」と呼ぶ。

他の人に親切にされていれば、私たちは、きちんと相手の親切に報いて行動しようという気持ちになる。これは、だれでもそうなるのである。

社員思いの社長の下では、社員は喜んで身を粉にして働いてくれる。自分を大切にしてくれる社長のために、社員は全力で仕事をすることで恩返しをしようとするものなのだ。だから、そういう会社は伸びていくのである。

3

あなたにはしっかりとした補佐役がいるか？

夫《そ》れ将は国の輔《ほ》なり。輔、周なれば則ち国必ず強く、輔、隙《げき》あれば則ち国必ず弱し。［謀攻篇］

経営幹部は、会社の助け役である。その助け役が、社長と緊密に連携していれば会社は必ず強くなるが、社長とうまくいっていないと会社は必ず弱くなる。

伸びていく会社には、必ず名補佐役の人物がいるものである。ソニーを創業した井深大には盛田昭夫が、ホンダの創業者・本田宗一郎には藤沢武夫という名補佐役がいて、彼らがしっかりとサポートしていた。

いくら社長が天才的な才能とビジネスセンスの持ち主だったとしても、どれほど一人で頑張ってみたところで、それを支える経営幹部やマネージャーたちが無能であったら、会社は伸びることができない。

伸びる会社の経営者は、一見するとワンマン経営者のように見えるが、実は、自分が信頼している補佐役の話には、きちんと耳を傾ける。決して、何でも自分で決めてワンマン経営をしているわけではないのだ。

私たちは、「リーダーシップ」とか「リーダー」という言葉を聞くと、だれの言うことも聞かずに、一人でどんどん突き進んでいくような人物をイメージしてしまうものだが、そういうリーダーは、「ダメなリーダー」である。

南カリフォルニア大学のウォーレン・ベニスは、トップダウン式に何でも自分で決めたがるリーダーは、むしろ「有害なリーダー」であると述べている。

ベニスは、その例として、スターリン、ヒトラー、ナポレオン、毛沢東などを挙げている。これらのリーダーは、他の人の話に耳を傾けなかったせいで、よいときもあったが、悲劇的な結果をもたらしたリーダーだとベニスは指摘している。日本の歴史上の人物でいうと織田信長がそれにあたる。本能寺の変はみなさんもよくご存じであろう。

では、どういうリーダーがいいのかというと、ベニスによれば、部下を尊重し、部下と信頼を維持し、親密な連合関係を築くことができるリーダーだという。

本田宗一郎さんは、社長のハンコまで副社長の藤沢武夫さんにあずけて、経営のすべてをそっくりまかせたと言われている。それだけ藤沢さんのことを信用していたのだ。それだけ信頼されたからこそ、藤沢さんも全力で本田さんをサポートしたのであろう。

よくあるビジネス本では、「これからの時代では、リーダーシップが大切だ」などと書かれていたりする。ビジネス雑誌でも、そんな「リーダーシップ」「指導者の条件」といった特集がしょっちゅう組まれている。

しかし、現実には、リーダーシップなど発揮しなくてもよい。むしろだれに対しても遜《へりくだ》った態度をとり、素直に耳を傾けられるような人間にならなければダメである。

それくらい部下や社員に対して信用し、人として尊敬の念をもって接しないと、自分を心から補佐してくれる人物など決して現われないであろう。

4

自分でできる努力を全力でやる

孫子曰く、昔の善く戦う者は、先ず勝つべからざるを為して、以て敵の勝つべきを待つ。［形篇］

孫子は言う、古の戦いに巧みな人は、まず絶対に相手に負けない態勢を整えたうえで、相手が自滅し、勝ちが自分に転がり込んでくるのを待った。

世の中には、自分の力ではどうにもならないことと、自分の力で何とかできることがある。どうにもならないところでは、どうしても運頼みにならざるをえないのだが、自分の力で何とかできることなら、最大限の努力をしなければならない。

伸びていく会社、伸びていく人間は、決して言い訳をしない。

ミシガン大学のフィオン・リーは、さまざまな企業の年次報告書を分析し、業績の悪さについて、「ドルの価値が下がったせいだ」などと外的な要因に責任をなすりつけているのか、それとも「社員の士気が落ちたせいだ」という具合に、責任を自社内部にあることを認めているのかを分類してみた。

そして、一年後の株価との関連を調べてみると、「問題の根本は、自社内部にある」ときちんと責任を認めている会社ほど、株価が上がっていることがわかったという。「景気が悪い」とか「業界全体が縮小しているのでしかたがない」などと責任を外的要因に押しつけていた会社では、逆に、株価は下がってしまっていた。

伸びていく会社や、伸びていく人間は、すべての責任は自分にあると考える。

逆に言うと、自分の努力次第で、いくらでも未来を変えていくことができる、と信じている。そして、そういう会社や人間ほど、どんどん伸びていくのである。

「外的な要因なのだから、しかたがない」などと考えているような人は、伸びていくことはできない。自分でできることは何でも完全にやっておかなければならないし、自分が伸びていけない原因は、まさに自分の内部にあることを素直に認めなければならない。

努力をしていなくとも、たまたま幸運が起きてうまくいく、ということもないわけではない。だが、そういう幸運はいつまでもつづかない。その点、自分の努力で手に入れた成果は、その後も同じ成果を手に入れつづけることができる。

どんな業種でもそうだと思うのだが、成功者と呼ばれる人は、だれよりもたくさん努力をしている人間である。スポーツの世界もそうで、プロの一流選手ほど、だれよりもたくさん練習している。だから一流でいられるのである。

「努力の量では、絶対に人には負けない！」という自信がある人は、かりに現在は日の目を見ていないとしても、いつかは必ず成功者になれる。努力は決して人を裏切らないのである。

人間は、ともすると自分がうまくいかない原因を他人になすりつけたがる傾向がある。

「上司が石頭だからうまくいかない」

「嫌な客ばかり担当させられているせいだ」

そうやってうまくいかない原因を自分以外のことになすりつけているうちは、何事もうまくいくことはないだろう。

5

事前の準備こそが一番大事だ

古えの所謂《いわゆる》善く戦う者は、勝ち易きに勝つ者なり。故に善く戦う者の勝つや、智名も無く、勇功も無し。［形篇］

昔の戦いに優れた人は、十分に準備をして、勝つのが当たり前という状態を整えてから勝負をした。そのため、戦いに巧みな人が勝っても、名誉もなければ、武勇の手柄もなかった。

一流のスポーツ選手は、なぜ一流でいられるのか。それは、だれよりも練習しているからである。だれよりも練習しているのだから、一流になれるのは当然である。そこには、何の不思議もない。

一流のピアニストは、なぜ一流でいられるのか。やはり理由は同じで、だれよりも練習しているからである。だれよりも練習しているのに、ピアノが上達しない、ということはないのだ。

孫子は、強い人が勝てるのは、負けないための準備をしているのだから勝つのも当たり前だと述べているわけであるが、これはスポーツの世界でも、音楽の世界でも、ビジネスの世界でも、同じように当てはまる真理である。

英国のティーズサイド大学のジム・ゴルビーは、プロラグビー選手を対象にして、最高ランクの選手が、ごく平均的な選手と何が違うのかを調べてみたことがある。するとと調べた結果は、あまりにも当たり前すぎることであった。つまり、最高ランクの選手ほど、たくさん練習しているだけだったのである。才能とはまったく関係がなかったのだった。

ドイツにあるマックス・プランク研究所のラルフ・クランプは、ベルリン音楽アカデミーにお願いしてプロのピアニストを集めてもらい、アマチュアのピアニストと何が違うのかを調べてみたことがある。

この研究でも、やはり明らかにされたことは当たり前すぎることであった。つまり、プロのピアニストは、小さな頃から、アマチュアのピアニストに比べてはるかに厳しい練習をしていただけだったのだ。

プロのピアニストは週に33時間もピアノに触れているのに、アマチュアでは週に3、4時間。これだけ練習に差があれば、プロのほうがピアノの腕前も上達するのは当たり前である。

仕事も同じだ。

最近では、たいして努力もせずに、適当にうまくやりながら成果をあげるほうが「スマート」だというような考え方をする人が増えている。これはよくない風潮だと思う。

一番の成果をあげることができるのは、だれよりも愚直に汗をかいている人である。努力で人に劣らなければ、絶対にどんな人でもうまくいく。そういう努力をいとわない人間にならなければならない。

仕事のダンドリが悪かろうが、要領が悪かろうが、人一倍努力していれば、だれよりも高い業績を上げることができる。

たとえ独学でも、やり方が間違っていても、倦《う》まず弛《たゆ》まず勉強していれば、だれでもその道の専門家になれるものである。

6

意見を押しつけない

夫れ兵の形は水に象《かたど》る。水の行は高きを避けて下《ひく》きに趨《おもむ》く。［虚実篇］

人を動かす極意は、水の形である。水の流れは、高いところをさけて低いところへ向かうものだ。

「実るほど頭の下がる稲穂かな」という言葉もあるように、どんなに社会的な立場や地位が高くなっても、いつでも謙遜する態度を持つことは大切である。

低い態度をとっていれば、敵を作らない。

高慢な態度をとっていると、周囲に敵がどんどん増えていくが、低い態度をとっていれば、味方だけが増えていく。

人を説得しようとするときにも、低い態度は重要だ。

自分のほうがモノをよく知っているとか、自分のほうが正しいとか、そういう思い込みがあると、どうしても態度が高飛車になり、そういう態度をとっていると、相手の心を動かすことはできなくなる。

意見や結論を押しつけるのではなく、もっとやんわりと、「僕はこう思うのだが、いかがだろうか？」と丁寧に尋ねるようなやり方をとったほうがうまくいく。

心理学では、結論をきちんと断定的に伝える説得法を「結論明示法」と呼び、結論を断定せず、相手に結論を出させるように仕向ける説得法を「結論留保法」と呼ぶ。

米国メリーランド大学のアリッサ・ジョーンズは、結論明示法と結論留保法を比較する実験を行ってみたのだが、相手に好かれるのは後者の相手に結論を出させるように仕向けるやり方だったそうである。

「私の意見は絶対的に正しい」という態度をとっていると、人は動かせない。たとえ根拠のある議論を展開したとしても、それでも説得は失敗するであろう。なぜなら、そういう説得法は、相手のメンツを潰してしまうからである。

その点、たとえ自分のほうが正しいと思っていても、それでも謙遜して見せて、低い態度をとっていると、相手には好ましく評価してもらえる。そして、こちらの意見も採用してくれる。

私たちには、自分が好きな人の意見なら喜んで従うが、嫌いな人の意見には絶対に応じたくない、という心理がある。だから、人を説得するにあたっては、まず「好ましい人柄」を相手に示す必要がある。そのための一つのやり方が、結論を明示するのではなく、留保するやり方だということを覚えておこう。

小さな子どももそうで、頭ごなしにガミガミと命令をすると、絶対に言うことを聞いてくれなくなる。小さな子どもでさえそうなのだから、いい年をした大人は、なおさら反発するであろう。

相手に反発の心を起こさせないよう、顔には穏やかな微笑を浮かべ、できるだけ穏やかで、温かみのある声を出すように説得するのがポイントだ。その物腰が丁寧であればあるほど、説得が成功する見込みは高くなる。

7

社員をわが子同様に愛する

卒を視《み》ること嬰児《みどりご》の如し、故にこれと深谿《しんけい》に赴《おもむ》くべし。卒を視ること愛子のごとし、故にこれと倶《とも》に死すべし。［地形篇］

兵士を赤子のようにかわいがれば、兵士はどんなに危険な場所にも行ってくれる。兵士をわが子のように愛してあげれば、兵士たちは自分のために死んでくれる。

いい経営者は、社員をわが子と同じようにかわいがる。だから、社員もその経営者のために身を粉にして働いてくれる。

いい上司は、やはり自分の子どもと同じように部下と接する。だから、部下も上司のためならばと一生懸命に働いてくれる。

新宿・中村屋の創業者である相馬愛蔵さんは、社員のことが大好きで、社員が誕生日になると、必ずお祝いをしてあげるような人であった。

また、相馬さんは社員をつれて年に一回、歌舞伎座で観劇もさせている。しかも一等席である。観劇が終わると、そのまま帝国ホテルに連れて行き、フルコースのごちそうを食べさせたという。

ここまでかわいがってもらえれば、社員がどれだけ発奮して仕事に取り組んでくれたかは想像に難くない。私たちは、いろいろ自分の面倒を見てくれる人には、きちんと恩を返そうとするものなのだ。

米国クレムソン大学のティモシー・サマーズによると、私たちは、自分の労力に見合うよりもたくさん給料をもらうと、さらに頑張って働くことで報いようとするのだが、自分の労力よりも少ない額しか給料をもらえないと、逆に、手抜きをすることによって帳尻を合わせようとするらしい。

経営者がケチで、社員には何もしてあげなかったりすると、社員は社員のほうで、ちゃんと手を抜いてサボることで、帳尻を合わせようとするものなのだ。

社員にやる気を出させる経営者は、たいてい社員をものすごく大切にするものである。

オランダの名門企業にして、世界有数の総合電機メーカー「ロイヤル・フィリップス・エレクトロニクス」の設立者アントン・フィリップスは、とにかく社員思いの経営者だった。

P・J・バウマンという人物の書いた『アントン・フィリップス』（紀伊国屋書店）という伝記では、次のような指摘がなされている。

「アントンは部下に対する場合もありきたりの仕事の上だけの関係に満足せず、部下の生活の中に溶け込もうと努めた。大企業によく見られるように、部下を単に員数としてとらえることを決してせず人間としてのそのさまざまな性格に関心を持ったのである」。

アントンがこのような経営者だったからこそ、会社を世界企業にまで押し上げることができたのだ、ということは十分に考えられる。社員を愛せないような人間に率いられた会社が伸びることは、ほぼ確実にないであろう。

8

社員を甘やかすことはしない

厚くして使うこと能《あた》わず、愛して令すること能わず、乱れて治むること能わざれば、譬《たと》えば驕子《きょうし》の若く、用うべからざるなり。〔地形篇〕

待遇を手厚くするばかりで仕事をさせることができず、寵愛するばかりで指示命令できず、手抜きの仕事をしていても注意できないのであれば、たとえて言うと、おごり高ぶった子どものようになってしまい、まったく役に立たない。

孫子は、「兵をわが子のように愛すべきだ」と戒める一方、そのすぐ後で、だからといって猫かわいがりして甘やかすのはよくないとも述べている。管理がまったくできなくなってしまうからだ。

心理学用語に、「エンペラー症候群」というのがある。もともと犬や猫のようなペットにみられる症状なのだが、飼い主に甘やかされ、チヤホヤされすぎたペットは、自分が一番偉いのだと思い込んで、まったく言うことを聞かなくなってしまうのだ。人間の子どももそうで、あまりに甘やかすと、自分が王様（エンペラー）か何かだと勘違いして、親の言うことはきかなくなる。これでは躾けも何もできない。

会社でも、話は変わらない。

社員を大事にする。部下の面倒をよく見る。かわいがる。これはいい。けれども、ここから先に進んではいけない。部下の言いなりになる。部下に甘い。部下に迎合する。これでは、上司としての、あるいは社長としての尊厳もへったくれもなくなってしまう。

本当の愛情とは、厳しさでもある。厳しさを欠いたやさしさは、単に甘いだけである。迎合してはならない。部下が甘いことを言ってきたら、「これは会社の方針だ。

反対は許されない」と毅然として突っぱねなければならない。

ブラジルのサッカーというと、なんとなく選手の自主性を尊重するようなイメージを持ってしまうが、そんなことはない。

長らくブラジルサッカー代表を率いたマリオ・ザガロ監督は、ワールドカップの期間中ともなれば厳しい戒律を選手に課していた。「携帯電話を使うな」「許可なくホテルから外出するな」「時間を厳守せよ」などである。

規律をしっかりと守らせることこそが、チームには絶対に必要なのだ。チームを強くするには、徹底的に規律意識を植え付けるしかない。

ザガロ監督は、大会前になると選手全員に国家斉唱の練習もさせている。こういう基本的なところで厳格な態度を植え付けているから、ブラジルのサッカーはとても強いのだ。

仕事をする前には、みんなでラジオ体操をしようと決めたのなら、ダラダラと身体を動かすだけの社員には厳しい指導をしなければならない。「言うことを聞かないなら、今すぐに会社を辞めて帰れ！」と言ってもいい。それくらいの態度をとらないと、本気度は伝わらない。

「午前9時出社」と決めたのなら、10分前には服装を着替えて、9時ピッタリに仕事に取りかかれなければならない、ということを徹底しなければ強い会社にはならない。そういうところでは絶対に甘やかしてはならない。

9

キーパーソンをしっかりと見極めよ

先ず其の愛する所を奪わば、則ち聴かん。［九地篇］

相手が大切にしているものを奪い取れば、相手はこちらの思い通りになるであろう。

だれが「力」を持っているのか、をきちんと見抜くことは重要である。たいして力を持っていない人に、いくら売り込みをかけても、うまくいくことは絶対にないからだ。

たとえば、営業マンが、ある家庭に子ども向けの教育用教材を売り込もうと考えているとする。

このとき、営業マンとしては、だれがその家庭の〝キーパーソン〟なのかを見抜くことが重要である。財布を握っているお母さんを攻めたほうがいいのか、おじいちゃんなのか、あるいは夫なのか。あるいは、子ども本人なのか。それをきちんと見定めないと、売り込むことはできない。

会社によっては、社長にはほとんど決定権などはなくて、秘書の女性がキーパーソンだったりすることもある。部長より、現場の担当者のほうが力を持っている、ということもある。

どんな人にも、必ず「弱み」があるものであり、その「弱み」を見抜くことが、まさにキーパーソンを知る、ということである。

どんなに偉ぶった人でも、奥さんや娘にはまったく頭が上がらず、娘の言うことならホイホイと聞いてしまう経営者がいる。その経営者を落としたいのであれば、まずは娘さんと懇意になり、娘さんのほうから口をきいてもらったほうがいい、ということはよくある。

住宅街などの一角を買収するときには、一軒一軒訪問して了解をとろうとするのではなく、キーパーソンにまず応じてもらう、ということが重要だ。

キーパーソンさえ落としてしまえば、近隣の人たちも、どんどん立ち退きに応じるようになる。難しいところをひとつ片づけてしまえば、その他のすべての交渉が一気に片づいてしまうのである。

ドイツにあるボン大学のゲルハルド・ブリックルは、職場での立ち回りがうまい人は、「だれがキーパーソンなのか」をはっきり理解し、その人物とコネを築いている人物であるという。

「こういう話なら、○○さんにお願いするとうまくいきそうだな」ということをしっかりと見抜ける人のことを、ブリックルは、〝政治スキルが高い人〟と呼んでいるのだが、こういう人は、一般に給料も地位も高くなる傾向があるらしい。

キーパーソンを押さえることは非常に重要である。キーパーソンさえ押さえてしまえば、あとは芋づる式にうまくいく。逆に言うと、キーパーソンがわからなければ、何をどうしてよいかの作戦すらたてられないのである。

10

責任を与える

善く兵を用うる者、手を攜《たずさ》うるが若くにして一なるは、人をして已《や》むを得ざらしむるなり。［九地篇］

人を動かすのが巧みな人は、人々が手をつないでいるかのように一体にさせてしまう。一体にならなければならないような状況に仕向けるのだ。

人を本気にさせたいなら、「私が、やらなきゃいけない」という状況を作り上げるのがいい。そういう状況を作ってしまえば、だれでも本気にならざるを得ない。

部下を動かしたければ、部下に責任ある仕事をまかせるのがいい。

「これは責任を含めて、そっくりお前にまかせる。お前のやりたいようにやれ！」と仕事を与えれば、部下も手を抜けなくなる。なにしろ、本気でやらなければ自分の責任にさせられてしまうわけだから。

「自分がやらないとダメだ」という責任を与えることは、非常に有効な心理テクニックである。

ドイツにあるヴェストファーレン・ヴィルヘルム大学のヨアヒム・ハフマイヤーは、１９９６年から２００８年のオリンピック、また１９９８年から２０１１年の世界選手権、および２０００年から２０１０年のヨーロッパ選手権において、１００メートル自由形の水泳選手１９９名（男性96名、女性１０３名）のタイムを調べてみた。

何を調べたのかというと、個人のタイムと、リレーのときのタイムである。

普通に考えれば、同じ選手が同じ１００メートルの距離を泳ぐのだから、タイムもそんなに変わらないはずである。

ところがハフマイヤーが調べたところ、なんと大半の選手は、個人の自由形のときより、リレーで泳いだときのタイムのほうが伸びていたのだ。しかもリレーのときには、責任の重いアンカーのときに、個人のタイムをはるかに上回る記録を出していたという。

個人の自由形では、勝っても負けても、それは自分一人の責任でしかない。タイムが悪ければ、自分だけが悔しい思いをするだけである。

ところが、リレーは違う。リレーのときには、「私のせいでチーム全体が負けるわけにはいかない」という気持ちになる。そういう責任感を感じるので、選手も必死で泳ぐのだ。

このデータからわかるように、人を本気にさせたいなら、責任を与えればいいのである。

部下を本気にさせたいなら、権限を大胆に委譲して、責任も込みにして仕事をさせるのがいいだろう。

部下がやる気を出してくれないのは、大きな仕事をまかせてあげないからだ。部下を信頼し、思いきって大きな仕事をそっくりまかせてしまえばいい。

部下は困った顔をするかもしれないし、嫌がるかもしれないが、そうやって大きなことをまかせてあげないと、いつまで経っても伸びていかないのである。

11

スパイと仲良くなる秘訣

三軍の親は間より親しきは莫《な》く、賞は間より厚きは莫く、事は間より密なるは莫し。［用間篇］

全軍の中では、スパイと最も親しく付き合い、褒美ではスパイに最も厚くし、仕事では、スパイとの仕事がもっとも秘密を要する。

国と国とがお付き合いをする場合、そこにはどうしても外交の必要性が出てくるのだが、相手国が、どんなことを考えているのか、どんなことを望んでいるのかを正しく見抜くことができなければ、上手な外交ができるわけがない。

元外交官で、作家の佐藤優さんは、『交渉術』（文藝春秋）の中で、どうやって必要な情報をとってくればよいかについて語っている。

外交官は、自分で走り回って情報を集めているわけではない。相手国の中に、親しい人脈を作り、その人脈から情報を集めるのだ。さすがに、「私のスパイになってくれ」とはお願いできないので、友達としての信頼関係を築くことが先決だと佐藤さんは述べている。

友人関係を築くには、お金も労力も惜しんではならない。18世紀の外交官であったカリエールも「スパイに使う金ほど有効な金の使い方はない」と述べている（『外交談判法』岩波文庫）。

とはいえ、お金をかけるだけでいいかというと、それも違う。

佐藤さんによると、まずは名医とのネットワークを持っておくことが重要であるそうだ。医者と知り合いになっておき、お近づきになりたい人物の配偶者や子どもが病気になったときには、すかさず「私の知り合いの名医をご紹介します」という形で支援を持ちかけるのだそうだ。

命を助けるために協力してくれた人に対する恩義は、かりに手術が失敗したとしても忘れられるものではない。「あいつは私の家族のために一生懸命に支援してくれた」ということで、いっぺんに信頼関係が強化されるのだという。

佐藤さんによると熟練したヒューマン・インテリジェンスの専門家は、名医とのネットワークを必ず持っているらしい。そういえば私も、「医者と弁護士とはぜひお友達になっておいたほうがいい」とアドバイスされたことがあるが、そういうコネを持っていると、困った人にも紹介できるし、自分の株を上げるのに役立つと思う。

人間関係において、信頼関係を強化するのに一番の方法は、「困っている相手を助けてあげること」である。これは、スパイとの付き合い方だけでなく、あらゆる人間関係に当てはまると思う。困っている人を見つけたら、できるだけのことはしてあげたい。そういうところで恩を売っておくからこそ、その人もあなたのために動いてくれるようになるのだ。

ただし、困っている相手を助けるときには、あくまでも下心がなく、「善意」でやっているように見せかけなければならない。

モンタナ州立大学のバーバラ・クイッグレイによると、困っているときに援助の手を差し伸べるのはいいが、「見返り」を求めていることが相手にバレると、逆に嫌われることもあるという。援助するのなら、完全な善意でやる（少なくともそう見せかける）ことが重要である。

第二章 CHAPTER TWO

優れたリーダーは「企てる」

12

奇策を使う

兵とは詭道なり。［計篇］

策を使え！

『レ・ミゼラブル』などの小説で知られる文豪のヴィクトル・ユーゴーは、執筆せずにふらふらと外出しないように、とてもユニークな作戦を編み出した。自分の意志力のようなものをまったく信じなかったので「仕事が終わるまでは遊びに出かけない」といくら決心しようとしても、どうせうまくいかないことを知っていたのである。

では、どうしたのかというと、執事に自分の洋服を隠させてしまい、決められた仕事が終わるまではその服を絶対に返さないように、と頼んでおいたのだ。素っ裸のままでは、さすがのユーゴーも外出はできない。外出したければ、さっさと仕事を終わらせるしかない。こういう作戦をとることで、ユーゴーは、自分を執筆に向かわせたのである。

正攻法で物事がうまくいかないときには、「奇策」を使うべきだ、というのが孫子の基本的な兵法であるが、これは仕事術にも役に立つ。

「本気で仕事をしよう！」「集中して、手抜きしないようにしよう！」などと考えても、人間はどうせそんなにうまくできない。人間の意志力など、まったくアテにならないような代物だからである。そのため、本気で仕事をするためには、自分を〝仕事に縛りつけるような奇策〟を事前に講じておく必要がある。

ダニエル・アクストの『なぜ意志の力はあてにならないのか—自己コントロールの文化史』（NTT出版）は、さまざまな奇策の事例が載せられているので、非常に参考になる本だ。

たとえば、ドストエフスキーは、自分にとって過酷な違約金条件のついた契約を出版社のステロヴスキーと結んでいる。

なぜ、わざわざ自分に都合の悪い条件などを付けたのか。

もし締切を守らなかった場合、ドストエフスキーの作品は9年間、無償で出版する権利が出版社に与えられることになっていた。これでは、ドストエフスキーには一銭も入ってこなくなってしまう。そのため、ドストエフスキーは死にもの狂いになって執筆したのである。手抜きできないような状況に、自分を追い込んだのだ。

また、アリゾナ大学の社会学者ジェフリー・J・サラズは、フェイスブックに自分の恥ずかしい写真を載せ、自分が抱えている原稿の整理が終わるまでは写真を削除しないというやり方で、サボり病を克服することに成功した、という事例もアクストの著作には紹介されている。

まともに取り組んだのでは、なかなか思い通りに人間は動いてくれない。

これは人を動かすときもそうだし、自分を動かすときもそうである。

そんなときこそ、奇策である。まともにやってもうまくいかないときには、うまくいくための仕組みやルールを新たに決めるのだ。自分を縛るルールがないと、人間は動けないのだ。

13

事前に策を講じる

算多きは勝ち、算少なきは勝たず。しかるを況《いわ》んや算なきにおいてをや。［計篇］

事前に策をたくさん講じておけばうまくいく。策の準備が少なければ勝てない。ましてや、策が一つもなくては勝てるわけがない。

督促や注意喚起など、言いにくいことを伝えるには、ちょっとしたコツがある。「キミは○○だから、今後は気をつけるように」などと直接的に相手に訓戒を与えたりすると、かえって気にしすぎてしまう可能性もあるし、腹を立ててふてくされてしまう危険性もある。

そこで私は、言いにくいことを伝えるときには、「宛先多数につきBCCにて失礼します」とメールの頭に書きながら、実はその人だけにメールを送り付けるというやり方をとっている。この作戦を使うと、カドをたてずにいくらでも言いたいことを言うことができる。

メールを送られたほうも、まさか自分だけが注意されているとは思わないから、そんなにメンツが潰されたとも感じない。それでいて、私が注意したいことは確実にその相手には伝わるわけで、こんなに便利なやり方はないと思う。

香港大学のチー・ユエ・チウによると、中国人は、相手のメンツを考えて、なるべく対面では厳しい態度をとらないようにするのだという。お客さんも、対面だとお店の人にクレームをつけないようにするのだそうだ。

メンツを潰されて嬉しいと感じる人はいないから、なるべく相手のメンツを保つような策を講じなければならない。そのためのひとつのやり方が、ＢＣＣをよそおう、というやり方なのである。

言いにくいことを伝えるときもそうであるが、人に何かをしてもらうときにも、事前にたくさんの策を講じておくことは必要である。

たとえば、根回し。いきなり会議で、提案をぶち上げようとするから、他の参加者からの同意を取り付けることはできないのである。会議の前に、あらかじめ参加者全員に根回しをしておけば、会議でもすんなりと賛同してもらえる。

人を動かすのがうまい人は、相手が気持ちよく動いてくれるように、事前に策を講じておくことを忘れない。いきなり、何かをする、ということはないのだ。

「どういうやり方をしたら、相手が快く引き受けてくれるかな？」という意識を常に持ち、事前にたっぷりと策を講じておこう。

どうしてもその場で注意したり、相手にとって耳に痛いことも注意したいと思うのなら、いきなり始めるのではなく、せめて「確認する」という作戦をとろう。

「俺は今から説教するけど、いいか？」

「今から不愉快なことを言うけど、かまわないか？」

そうやって確認をとるという一手間を加えるだけでも、相手の感じ方はずいぶん変わってくるものである。

14

相手の力を借りる

糧を敵に因る。ゆえに軍食足るべきなり。［作戦篇］

食糧は敵地からとればいい。そうすれば、兵糧は十分だ。

ビジネスのアイデアは、何でも自力で見つけ出さなければならないのかというと、そんなことはない。他の人がやっているアイデアを、こっそりと盗ませてもらえれば、わざわざ自分で見つけ出す必要もなくなる。

ウォルマートの創業者であるサム・ウォルトンは、人気のライバル店がやっていることを、そっくりそのままコピーしていた、という話は有名である。流行っているお店と同じことをやれば、自分のお店も流行るに決まっている。

俳優のシルベスター・スタローンは、ヒットしたハリウッド映画の要素をかき集め、それを一本のストーリーにぶち込むという荒っぽいやり方で、『ロッキー』という映画の脚本を書き、主演した。これが彼にとっての大出世作となった。

他人のものを、「盗む」ということはとても大切なことである。

もちろん、相手の特許を勝手に利用したりするのは違法であるが、アイデアやサービスを取り入れることは、積極的にやらなければならない。自分で何かを考えるより、他の人がすでにやっていて、すでにうまくいっていることをどんどん真似するのがポイントだ。

人間関係のスキルについても、どんどん他人がやっていることを真似しよう。

職場で人気がある人がいるとしたら、その人がどんな行動をとっているのかを観察し、自分も同じようなことをしてみるのだ。

もし彼が、出会う人すべてに元気な挨拶をしているのなら、自分も「こんにちはー！」と明るく挨拶する習慣を身につけるようにするのである。そうやって人気者のやっていることを真似すれば、みなさんも同じように人気者になれるはずだ。

アイオワ州立大学のフランク・グレシャムは、引きこもりで悩んでいる小学生40名に、クラスの人気者の行動をビデオに録画したものを、3週間に渡って観察させてみた。人気者がどうやって他の子どもたちと遊んだり、おしゃべりしているのかを観察させたのだ。

すると、不思議なことが起きた。それまで引きこもっていた子どもたちも、3週間後には、人気者の子どもと同じような行動ができるようになったのである。

「ああ、なるほど、こうすればいいのか」ということを理解し、その通りのことを自分でもやるようにすれば、引きこもりの子どもでも、人気者の子どもと同じように好かれるわけである。

自分なりに「こうしてみよう」「ああしてみよう」と考えることは立派なことでは

あるが、面倒くさい。すでにうまくやっている人がいるのなら、そういう人がやっていることを、そっくり真似させてもらったほうが面倒くさくもないし、現実には効果的であることも多いのである。

15

将来を見越してやっておく

故に上兵は謀《ぼう》を伐《う》つ。其の次ぎは交《こう》を伐つ。其の次ぎは兵を伐つ。其の下は城を攻む。〔謀攻篇〕

最上のやり方は、相手が陰謀をめぐらしているうちに破ることであり、その次は相手が他の人と連合するのを破ることであり、その次は相手を苦手な場所で打ち破ることであり、最もまずいのは有利な場所にこもった相手を攻めることである。

日本人ビジネスマンは、あまり契約を交わすことに熱心ではない。お互いの信頼感こそが大事で、信頼し合っていれば契約も必要ない、ということなのであろう。たしかに、そういうことはあるかもしれないが、それでもあらかじめきちんとした契約を交わしておくことはとても大切である。

「もしいつまでに商品を納めてくれないのなら、違約金を徴収する」ということを決めておけば、相手もきちんと納期を守ってくれる。契約書をきちんと交わしておかないと、なかなかそういうわけにはいかない。

口約束だけの場合、いざ問題が起きてしまったときに、どうやって解決してよいのかもわからない。お互いに自分の言い分ばかりを主張するので、話し合いもまとまりにくい。そのため、お互いに感情的なしこりも残る。

けれども、あらかじめ将来を見越して契約を結んでおけば、決められた契約どおりに淡々と、事務的な手続きを取ればよい。つまり、感情的なしこりが残りにくいのだ。

人間関係もそうで、「これこれの場合には、これこれする」という取り決めをあらかじめしておけば、そんなにケンカにもならない。

ベンジャミン・フランクリンは、いくつもの共同経営の会社を立ち上げているが、すべて円満に経営されたそうである。

フランクリンは、将来的に問題になりそうなことは、とにかく片っぱしから事前に取り決めておいたほうがいいとアドバイスしている。彼は自伝の中で語っている。


組合経営というものは喧嘩別れになりがちなものであるが、私の場合は幸いなことにすべて円満に経営され、円満に終わったのである。これは私が予め用心して、喧嘩の種が一つもないように、各当事者がなさなければならぬこと、ないしはしてほしいことを残らず明瞭に契約書中で取り決めておいたのによるところが多いと思う。(『フランクリン自伝』松本慎一・西川正身訳(岩波文庫)p175〜176)

最初から契約できちんと取り決めをしておけば、孫子の言うように、「戦わずにすむ」という利益を得ることができる。だからこそ、「契約書を交わすなんて面倒くさい」などと思わず、細かいところまでしっかりと詰めておくことが大切なのだ。

ニューヨーク大学のサンドラ・ロビンソンによると、きちんと契約を決めておいたほうが、相手もその契約をきちんと守ろうとし、お互いに気持ちのいい付き合いができるそうである。

「契約を……」というと、相手も渋い顔をすることがあるかもしれないが、契約を結んでおいたほうが相手にとっても絶対にトクなのだということを理解してもらうようにしよう。

16

さっさと「逃げる」

用兵の法は、十なれば則ちこれを囲み、五なれば則ちこれを攻め、倍すれば則ちこれを分かち、敵すれば則ち能《よ》くこれと戦い、少なければ則ち能くこれを逃れ、若かざれば則ち能くこれを避く。［謀攻篇］

こちらが相手の十倍なら包囲し、五倍であれば攻撃し、倍であれば敵を分散させてから各個撃破し、同数であれば真正面から戦い、こちらのほうが少なければ退却し、勝てそうもないときには逃げるのがよい。

勝てそうもない相手とは、勝負をしてはいけない。もし勝負になりそうになったら、さっさと自分から土俵を降りてしまったほうがいい。このように柔軟な態度をとるのが、孫子の兵法である。

交渉をするときもそうで、「あっ、これはまとまりそうもないな」というときには、さっさと自分から負けてしまったほうがいい。お互いに、お互いの要求ばかりをぶつけあっていたら、まとまる話もまとまらなくなってしまう。そのため、このような場合には、自分からさっさと譲歩したほうがいいのである。

たしかに、短期的にみれば、自分が譲歩することは、自分にとってのソンになる。けれども、長期的にみると、決してソンにはならない。ここが重要である。

こちらが譲歩してあげると、相手はあなたの好意に感謝する。そして、あなたによい印象を持つようになる。将来的には相手も協力的な態度を見せるようになってくれる。長い目でみると、そちらのほうがいい結果をもたらす。

カリフォルニア大学のキャメロン・アンダーソンは、MBAコースに在籍している学生（平均28歳）にお願いして、テーマを設定してクラス内で、4回に渡って交渉をさせるという実験をしたことがある。交渉のテーマは、毎週変えられた。たとえば、

1週目にはある医薬品工場をめぐっての買収、2週目は、ある石油会社の幹部とガソリンスタンドの経営者の交渉、という具合にである。

さて、アンダーソンはそれぞれの学生の交渉記録をとってみたのであるが、1回目の交渉で協力的な態度をとってあげると、「あの人は協力的だ」という評判がクラスで立つようになり、その後の交渉がやりやすくなっていくことがわかったという。

はじめに強硬な態度をとっていると、「あいつは人に譲ることをしないヤツだ」という悪い印象と評判が立つようになり、2回目以降の別の交渉でも、うまく妥結しなくなる結果が得られたのである。

「ソンしてトクとれ」とはよく言ったもので、勝負事では、自分が先に負けてあげたほうが、長い目でみると、トクをすることはよくある。いつでも真正面から勝負すればいいかというと、それは違う。むしろ、さっさと譲ってあげたほうが、その後の展開はスムーズになる、ということはよくあるのだ。

経営の神様と言われた松下幸之助さんは、若い頃に電球の修繕を頼まれると、頼まれていないところまであちこち修理して帰ったという。すべて自分の持ち出しである。

短期的にみれば松下さんは自分がソンをしたわけだが、これによってお客とよい評判を得たのだから、長い目でみれば明らかにトクをしたことになる。この精神を私たちも見習いたい。

17

どんなときでも、必ず状況を打破するアイデアは見つかる

凡そ戦いは、正を以て合い、奇を以て勝つ。故に善く奇を出だす者は、窮《きわ》まり無きこと天地の如く、竭《つ》きざること江河の如し。［勢篇］

およそ戦いというものは、正攻法で向き合いつつ、奇策を用いて勝つのである。そのため、奇策を編み出せる人は、天地のように限界がなく、揚子江や黄河の水のように尽きることがない。

人間の創造性には、限界がない。「もうこれ以上、売上を伸ばすのはムリ」とか、「もうこれ以上、原価を抑えるのはムリ」とか、「もうこれ以上、生産性を高めるのはムリ」というような状況でも、それでもやはり現状を打破するための策（アイデア）は、必ず見つかるものである。限界などはないのだ。

もし限界があるとしたら、それは自分で勝手に限界を設けてしまっているだけである。

「この辺が限界だろう」と勝手に決めつけてしまうから、その限界を突破することができなくなってしまうのだ。

どんなときにでも、現状を打破する解決法は見つかる。だから、限界だと決めつけて諦めてはいけないのだ。

創造性開発の分野を開拓したロジャー・フォン・イークは、その著書『頭にガツンと一撃』（新潮社）の中で、私たちが勝手に設けてしまう限界のことを「メンタル・ロック」（頭のこわばり）と名づけている。

イークによると、私たちは、次のような考えをしていると限界を感じやすくなるのだそうである。メンタル・ロックには10個の種類があるのだが、こういう状態に陥らないようにすれば、創造的な解決法はいつでも見つかるはずだ。

①　正解は一つだけ
②　論理的でなければならない
③　ルールには従わなければならない
④　現実的に考えなければならない
⑤　曖昧さを避けなければならない
⑥　間違えないようにしなければならない
⑦　遊んではいけない
⑧　自分の専門外のことをしてはならない
⑨　馬鹿げたことをしてはならない
⑩　私には創造力などない

このような考えをしていると、どんどん頭はこわばってきて、創造的なアイデアが出てこなくなってしまう。創造的な意見やアイデアをどんどん出したいのなら、まったく反対のことをすればいい。つまり、「正解はいくつもあるはずだ」「ルールなんて無視したっていいんだ」というように考えるようにすればいいのである。

18

利益で相手を釣れ

善く敵を動かす者は、これに形すれば敵必ずこれに従い、これに予《あた》うれば敵必ずこれを取る。利を以てこれを動かし、詐《さ》を以てこれを待つ。［勢篇］

巧みに敵を誘い出す人は、相手にわかるような弱みを見せて自分の後を追わせ、何かの利益を与えてそれを取りにくるように仕向けた。利益を見せて誘い出し、裏をかいて罠にハメるのである。

人は打算的であるから、自分にとって「利益」がないことは、絶対にやらない。利益があるからこそ、人は動くのである。

たとえば、「もっと働け!」「もっと働け!」とお尻を叩いてみたところで、働いたぶんだけきちんと見返りを与えてあげないのでは、社員もバカバカしくて本気で働くことはできないであろう。

働けば働いたぶんだけ高給を約束する、という保証があればこそ、つまりは利益があればこそ、社員はがむしゃらに働いてくれるのである。

人に動いてほしいのなら、しっかりと「利益」を提示しよう。

利益を提示してあげさえすれば、人は動いてくれるのだ。

オランダにあるアムステルダム大学のマイケル・フリースは、ある鉄鋼会社で働く従業員を対象にした研究を行っている。この鉄鋼会社では、従業員から会社に対して、いろいろと仕事のやり方を提案するシステムがあったのであるが、従業員は平均して3年間に6・5個の提案をしていた。

なぜ、従業員は、積極的に提案をしていたのか。

フリースが調べたところ、何のことはない。この鉄鋼会社では、提案すればするほど報酬（ごほうび）がきちんともらえるというシステムがしっかりと出来上がっていたからなのだ。

提案してもまったく何の報酬もなければ、従業員は何も提案する気にならないであろう。提案を行えば、しっかりと会社が報いてくれるとわかっているからこそ、仕事のやり方に対して、新しい提案をどんどんしていこう、という気持ちが湧いてくるものなのである。

「利益で相手を釣る」というと、何となくネガティブ、ずるくて嫌な印象を感じる人がいるかもしれないが、人を動かすのに一番のやり方は、まさしくこのやり方にほかならない。

子どもに勉強をさせるときにも、くどくどとお説教をするよりは、「いい点数を取ったら、ご褒美をあげよう」と言ってあげるだけでよい。そうすれば、子どもは眼の色を変えて勉強する。

私は、精神科医で、受験研究家の和田秀樹さんの著作が好きであるが、和田さんは、「受験勉強を頑張れば、生涯賃金で何億円も差がつく。そういう利益があることを受験生に教えてあげるだけで、受験生はやる気が出てくる」といった内容のことを語っていたように記憶している。私も、この意見に賛成だ。

人を動かすのに、余計な言葉はいらない。「○○すると、あなたには、これこれの利益がある」と教えてあげるだけで、相手は動いてくれる。

19

どうすれば競争せずにすませられるかを考える

千里を行きて労《つか》れざる者は、無人の地を行けばなり。攻めて必ず取る者は、其の守らざる所を攻むればなり。〔虚実篇〕

長い道のりを行軍しても疲れないのは、敵がいないところを行くからである。攻撃すれば必ず勝てるのは、敵が守っていないところを攻めるからである。

政治家の松浪健四郎さんは、「みんなが狙わないところで勝負する」のが勝つための秘訣であると述べている（『もっと「ワル」になれ』ゴマブックス）。

松浪さんは、大学時代にアマチュアレスリングの選手としてオリンピックの候補選手にも名前が挙がるほどだった。ではなぜ、アマレスを選んだのかというと、その理由がすごい。野球やサッカーという人気のスポーツでは、競技人口が多すぎて、とてもトップになれないだろうから、というのである。自分がトップ選手になれるよう、わざと競技人口の少ないアマレスを選んだというのだ。

また松浪さんは、経済学や法律ではなく、人類学というややマイナーな学問の、しかもアメリカやイギリスでなく、アフガニスタンを専門とする研究者を選んだ。なぜアフガニスタンの研究者になったのかというと、「アメリカやイギリスだとすでに優秀な研究者がいっぱいいて、その中では自分はトップになれないから」だというのである。

松浪さんのこの人生哲学は、私たちにとっても非常に参考になると思う。

すでに他の人たちがやっているビジネスに参入するのは、どうしても熾烈な競争に勝ち抜かなければいけないので、とても難しい。その点、だれもやっていないことをビジネスにするのであれば、どこにも敵がいないだけに、簡単にその市場を制覇することができる。

経営戦略の一つに、「ブルー・オーシャン戦略」というのがある。

ブルー・オーシャンというのは、まだ手つかずの漁場のことで、だれも競争相手がおらず、魚が大量に溢れているところを指す。そういう開拓されていない市場で勝負することを考えるのが、ブルー・オーシャン戦略だ。

たとえ、どんなにニッチな市場であろうが、競争相手がいなければ、その市場を完全に自分で独占できる。これは非常に「オイシイ」市場だと言える。

競争するのは、ただ疲れるし、神経もすり減らすだけでなく人間関係も悪化することもあるので、あまり望ましいことではない。職場での出世競争もそうで、なるべく競争しないようにすむのがいい。

ハーバード・ビジネス・スクールのボリス・グロイスバーグが、62の投資銀行のアナリストを調べてみたところ、アナリストというと、ものすごく競争的な人ばかりのイメージがあるが、なんとトップランクのアナリストほど、同僚たちと親密な関係を築く努力をしていて、競争して神経をすり減らすようなことをしていなかったそうである。

なるべく競争しないですませられるのなら、競争しないですむような方策を考えよう。そのほうが、精神的にも、身体的にもラクに仕事ができる。

20

ご褒美は、何種類か用意しておくとよい

数々《しばしば》賞する者は窘《くる》しむなり。数々罰する者は困《つか》るるなり。［行軍篇］

しきりに褒美を与えているのは、士気が振るわずに困っているのである。罰してばかりいるのは、全体が疲れているのである。

人を動かすのに、てっとり早いやり方は、「ご褒美」を用意しておくことである。私たちは、ご褒美さえもらえるのなら、喜んで行動するからだ。人間は現金な生きものなのである。

中世のヨーロッパにおける十字軍の結成については、実は、ちょっとしたこぼれ話がある。「キリスト教の正義を守る」という大義名分だけでは、ローマ法王がいくら命じても、ヨーロッパ各地から騎士が集まらなかった。

そこでローマ法王庁は、「武勲があった者には、聖地エルサレムに永代の土地を与えると同時に、敵の財産の略奪は自由」というご褒美をチラつかせたのである。こうやって騎士を集めて十字軍を結成したのだ。人間というものは、ご褒美があれば動くのだが、ご褒美がないと動かないことを示す好例である。

しかし、ここにもうひとつ大切な心理学の法則を付け加えておかなければならない。それは、どんなご褒美でも、あげすぎていると、ご褒美としての機能をどんどん失っていく、という法則である。

たとえば、人間ならだれでも甘いものは好きなので、アメ玉をもらえれば、それなりに嬉しい。しかし、何個もアメ玉をもらっていると、口の中が甘くなってきて、

「もういらない」ということになる。すると、アメ玉はもうご褒美としては機能しなくなるのだ。もちろん、しばらく経つと、またご褒美の機能を復活させられるが。

ご褒美は、やりすぎると効かなくなってしまう。薬もそうだが、人間は、耐性がついてきてしまって、同じ薬を連続して与えられていると、効きが悪くなっていくのである。

では、どうすればいいのか。簡単な話で、いくつかのご褒美を用意しておけばいいのだ。

あるご褒美の効きが悪いなと感じたら、別のご褒美にすぐ切り替えるのである。そうすれば、ご褒美はいつまでも効果がある。同じご褒美をつづけるからよくないのであって、何種類かのご褒美を用意し、それぞれを少しずつ与えるようにすれば、いつまでも効果は落ちないのだ。

全米で最も人気のある教師として、さまざまな受賞をしたロン・クラークは、『親と教師にとって、すごく大切なこと』（草思社）という本で、やはり同じアドバイスをしている。

子どもにトロフィーやシールをあげる作戦は効果的だが、すぐに効かなくなる。休み時間を5分間延長してあげるというご褒美も、効果的だが、すぐに効かなくなる。だから、先生はご褒美を何種類か用意しておかなければならない、というのだ。

人を動かすときには、だれもがご褒美を用意するが、たいていの人は一種類しか用意しないのではないかと思う。それではダメなのだ。同じご褒美をつづけていたら、相手はすぐに慣れてしまう。したがって、まったく違うカテゴリーのご褒美を、何種類か用意しておくとよい。

21

小さなお願いから始める

始めは処女の如くにして、敵人、戸を開き、後は脱兎の如くにして、敵、拒《ふせ》ぐに及ばず。［九地篇］

はじめは少女のように大人しくしていれば、敵国の人も油断してすきを見せる。その後で、逃げるときのウサギのように勢いよく攻めれば、敵は防ぐことはできない。

人を説得するときには、いきなり本当にお願いしたいことを依頼してはならない。まずは、相手が受け入れやすいような、ものすごく小さなお願いをするのがポイントである。

小さなお願いであれば、さすがに相手もイヤだとは言いにくい。

しかし、一回でも小さなお願いを聞いてしまうと、その後にもっと大きなお願い（こちらからすれば本当のお願い）をされたときにも、「今度はダメだ」とは言いにくい。「まあ、しかたないか」と引き受けてしまうものである。

このように、まずは相手が受け入れやすいようなダミーのお願いをするテクニックを、心理学では、「フット・イン・ザ・ドア・テクニック」と呼んでいる。「フット・イン・ザ・ドア」とは、「ドアの中に片足を踏み込む」という意味であり、いったん相手に心のドアを開けさせてしまえば、その後に本当のお願いをしても引き受けてもらえる確率が高まるのである。

「ウソだろう」と思われるかもしれないが、これは数多くの研究ですでに実証されている効果的なテクニックである。

サウスキャロライナ大学のピーター・レインゲンの研究をご紹介しよう。

レインゲンは、心臓病協会の人間を装って、「当協会のための募金をお願いできないか?」というお願いをいきなりぶつけてみた。しかし、このときには19%の人しか募金に応じてくれなかった。

次にレインゲンは、別のグループに対しては、フット・イン・ザ・ドア・テクニックを使って、断られにくいような小さなお願いをしてみた。「2、3の質問にお答えいただけないか?」という小さなお願いをしてみて、それに応じてくれた後で、「すみませんが、募金もお願いできないでしょうか?」という持ちかけ方をしてみたのだ。すると、どうであろう、今度は34%の人が応じてくれたのである。しかも、いきなり募金をお願いしたときには、実際の募金額の平均は3・7ドルだったのに、フット・イン・ザ・ドアを使ったときには、平均して6・5ドルもの募金をしてくれたのである。

人を説得するときには、最初は、「大人しいお願い」をするとよい。

小さなお願いであれば、たいていの人はそんなに警戒もせず、気安く引き受けてくれる。そして、小さなお願いを引き受けてもらったら、「うわぁ! 本当にありがとう!」と大げさに感謝してみせて、すかさず、「ところで……、厚かましいとは思う

のであるが、「1日に最低6ページずつやってみよう！」という指示を出した。目標を小さくして、「それくらいなら、何とかできるかも……」という気持ちにさせたわけである。

こちらのグループでは、最終的には74％が最後までやり終えることができたそうだ。

部下に仕事を与えるときは、簡単にできるよう小さく分割してあげよう。そのほうが、ホイホイと喜んで取り組んでくれるし、より大きな目標まで達成することができるからである。

23

「説得する必要がない」システムを作る

百戦百勝は善の善なる者に非ざるなり。戦わずして人の兵を屈するは善の善なる者なり。［謀攻篇］

百たび戦って百たび勝利するのが最高なのではない。戦わずに勝利するのが最高なのである。

人を説得するのは、とても骨が折れる作業である。いちいち説得しなければならないのは、とても面倒でもあるし、煩わしくもある。したがって、いちいち説得しなくてもすむような〝システム〟を作ってしまえばいい、ということになる。

アメリカでは、「臓器提供について、どう思うか？」と質問すると、85％の人は、「よいことだ」としているのに、実際にドナーになるという意思表示をしてくれるのは、わずか3割にすぎないという。日本も同じようなものである。ドナーの呼びかけのキャンペーンをいくらやっても、なかなか思うように臓器提供者を増やせないのだ。ところが世界に目を向けると、フランスでは国民の99・91％が臓器提供の意志を示しているし、ポーランドでは99・95％、ハンガリーでは、99・97％とビックリするような数値になっている。なぜなのだろうか。よほどうまく説得キャンペーンを行っているのだろうか。

タネを明かせば、そういう国では、アメリカや日本とちょっとシステムが違うのだ。アメリカや日本の場合、本人が「臓器提供します」と意思表示しないと、ドナー登録をされることはない。けれども、フランスなどの国では、やり方が逆になっていて、「私は、臓器提供はしません」と積極的に拒絶のサインをしないと、自動的に「臓器提供の意志あり」とみなされてしまうのである。だから、ドナー登録の割合が100％近いのだ。

コロンビア大学のエリック・ジョンソンは、ドナー登録をしてください、とキャンペーンを行うよりも、フランスなどのやり方を採用すれば、問題はいっぺんに解決されると述べている。

いちいち説得するのが面倒くさいと思われるのなら、積極的に拒否しないと、自動的に「イエス」といったものと見なす、というやり方をとってみるのはどうだろう。これは、なかなかいいアイデアだ。まさに孫子の言う、「戦わずに勝利する」やり方である。

たとえば、社内の飲み会や旅行などの幹事をまかされたとき、「参加かどうかをお知らせください」とメールを送っても、返事がかえってこない、ということはよくある。何度催促メールをしても確認がとれず、予約人数が確定できないため、幹事としては非常に困る。

そこで、こんな場合には、「○日までに、メールに返事をしない人は、自動的に参加と見なします。それ以降のキャンセルは、キャンセル料もとります」という一文を入れておけばいいのだ。こうすれば、確実にメールの返信が増える。

孫子が言うように、なるべく自分の手間がかからないようなシステムを構築してしまおう。いったんそういうシステムができあがれば、自分がやるべき作業を大幅に減らすことができる。

営業もそうで、自分から訪問して仕事をとってくるのではなく、お客さんのほうから連絡を入れてくるようなシステムを仮に構築できるとするなら、営業する必要もなくなるわけである。

24

異質な人間を集めてみる

孫子曰く、凡《およ》そ衆を治むること寡《か》を治むるが如くなるは、分数是れなり。［勢篇］

孫子は言う、大勢の人を、まるで少人数であるかのようにやすやすとまとめることができるのは、チームの編成がうまくいっているからである。

グループやチームを編成するときに、同じようなメンバーを集めても、優れた決定ができるようにはならない。

たとえば、エリートだけで構成されたチームがあるとする。

そのチームが、素人だけで構成されたチームに比べて、優秀な判断や決定ができるのかというと、そんなことはないのだ。

米国ウェイン州立大学のカレン・バンテルによると、トップマネジメントは、「異質な人」のチームから成立したほうが、よりよい経営戦略が立てられるそうである。違う価値観、あるいは違う専門分野を持った人たちが集まったほうが、優れたアイデアも出てくるのである。

たとえエリートだといっても、同じような専門分野の人をたくさん集めても、出てくるアイデアは、似たようなものになってしまう。これでは、優れた経営戦略は立てられない。まったく違うバックグラウンドを持った人間、すなわち、「異質な人間」が集まってこそ、チームは活性化していくのだとバンテルは指摘している。

「トップマネジメントに、おかしな人間や素人などが入ったら、経営戦略もおかしなものになってしまうのではないか」と思われるかもしれないが、そんなことはない。

むしろ、素人のほうが既成概念にとらわれずに、自由な発想のアイデアを出してくることも多いのである。

ウィキペディアの膨大な情報源を作り上げたのは、ボランティアと素人だ。しかも謝礼をもらって働いたのではない。

対照的に、マイクロソフトは専門家を集めてオンライン百科事典のエンカルタに何百億ドルも投じたが、結局は成功せず、２００９年には、このプロジェクトを単なるオンライン辞書に縮小した。素人が専門家集団を打ち負かしてしまったわかりやすい例である。

キヤノンの創業者、御手洗毅《みたらいたけし》さんは、産婦人科のお医者さんだった。当時の病院の顕微鏡はすべてドイツ製で、日本の光学機械が遅れていることを嘆いて、精密工学研究所を作ったのだ。

しかし、御手洗さんは発起人にはなったものの、「自分は経営の素人だから」といって経営にタッチする気はなかった。けれども、謙虚な姿勢でみんなの話をよく聞く人間性が魅力となって、まわりに優秀な人材が集まってきてキヤノンを一流企業に押し上げたのである。

チームを作るときには、できるだけ異質な人も積極的に取り込もう。それが素人であっても、まったくかまわない。むしろ、素人の集合知のほうが、専門家の集合知よりも優れた判断ができることもあるのだから。

25

指示通りに動かすコツ

軍政に曰く、言うとも相い聞こえず、故に金鼓《きんこ》を為《つく》る。視《しめ》すとも相い見えず、ゆえに旌旗《せいき》を為ると。［軍争篇］

古い兵法書には、「口で言ったのでは聞こえないから、太鼓や金の鳴りものを備えておき、指し示しても見えないから旗や幟《のぼり》を備えておくのだ」と書かれている。

太鼓を2回打ったら前進、といった取り決めをしておけば、いちいち大声で「前進〜！」と叫んで指示を出す必要がなくなる。ただ、ドンドンと太鼓を2回叩けば、兵士たちは、それが前進の合図であることを理解して、前進してくれる。

同じように、旗や幟が上がったときには、これこれのことをするとあらかじめ決めておけば、指示を理解させるのはたやすい。

口頭での指示というのは、実は、あまりよいやり方ではない。

なぜなら、指示がきちんと伝わらないこともよくあるからである。

その指示が単純なものであればまだしも、複雑な指示になると、口での指示というのは、相手に理解してもらうのも難しくなる。

では、指示通りに動いてもらうにはどうすればいいかというと、孫子が言うように、太鼓や旗や幟を使うなど、「視覚」や「聴覚」を組み合わせて指示を出すようにするのだ。そうすれば、指示も伝わりやすくなる。

指示を貼り紙で示すときには、言葉だけを載せるのではなく、イラストを載せるのもいいアイデアだ。

交通関係の標識は、イラストを効果的に使っているよい見本だ。標識を見れば、

「この辺は、動物も飛び出してくる可能性があるのだな」とか、「近くに小学校があって、子どもの通学路になっているんだな」ということが、一目で理解できるようになっている。

カリフォルニア州立大学のケイラ・フリードマンは、木材クリーナー製品のマーケティング調査だとウソをついて、学生にそれを使ってもらった。

製品には、「吸い込むと危険。マスク着用」と書かれていたのだが、その指示に素直に従ったのはわずかに27％であった。文字だけでの指示というのは、無視されやすいのである。

ところが別のグループのときには、警告文だけでなく、隣に、「マスクをつけた人間」のイラストも載せておいた。すると、今度は42％の学生がきちんとマスクをつけて使用したという。

42％というのは、それでも指示を無視する人が半分以上もいたということになるわけだが、文字だけの条件の27％に比べれば、はるかに指示に従ってくれた人が増えたことを意味する。

人に指示を出すときには、口で言うだけではなく、紙に書いたメモのようなものを渡せばさらに効果は高くなるだろうし、そのメモに、イラストも描いておけばなおさら指示は伝わりやすくなるだろう。

26

グループやチームを効率的に動かす

人既に専一なれば、則ち勇者も独り進むことを得ず、怯者《きょうしゃ》も独り退くことを得ず。〔軍争篇〕

チームのメンバーが統一されていれば、大胆な人も勝手に進むことはしないし、臆病な人間でも勝手に退却するようなことはしなくなる。

孫子といえば、非常に有名なエピソードがある。

「あなたは女性でも兵士にすることができるのですか?」と呉王に尋ねられたとき、「できます」と答えた孫子は、王の寵愛する女性を隊長にした上で、女官たちに自分の指示を伝えたのだが、女官たちはクスクスと笑うばかりで言うことを聞いてくれない。

そこで孫子は、手に持った斧で、王が寵愛する女性の首を刎ねた。指示が通らないのは隊長の責任だというのである。次に、別の女官を隊長にしたのだが、女官たちは震え上がって孫子の言う通りに前進したり、後進したりしたという。

孫子は、「怖さ」によってグループを統一的に動かしたわけであるが、さすがに今の時代では、こういう野蛮なやり方をとることはできない。

では、どうすればグループやチームをうまく動かすことができるのか。

そのためには、「グループ全体での成果」を出すのではなく、「個々のメンバーの成果」もきちんと出すことが重要だ。

グループ全体での成果や生産性を出そうとすると、「自分一人くらいサボったっていいだろう」と手抜きをするメンバーが必ず出てくる。そういう手抜きを防ぐためには、個々のメンバーがどれくらい頑張ったのかを、個別の成果として測定するようにすればいいのだ。そうすれば手抜きも起きず、グループ全体に本気を出させることができるであろう。

ノースイースタン大学のスコット・バーチスは、大学生を何人かのグループにして、創造的なアイデアを出させるという実験をしたことがある。

たとえば、古いタイヤや使い古しの段ボールの新しい使い方をできるだけたくさん考える、といった課題を与えて、グループごとに出てきたアイデアの数を測定してみたのである。

バーチスは、あるグループには、「グループ全体のアイデアの数を測定します」と伝えてみた。しかし、このときには、メンバーはたいしてアイデアを出さなかった。

ところが次に、「グループの合計も出しますが、だれがどんなアイデアを出したのかは、別に記録しておきます」と伝えると、今度は、だれも手抜きをせず、たくさんのアイデアを出したという。

グループでやるときには、グループの成果を出すのはもちろんだが、だれがどんな頑張りをしているのかを個別に評価するシステムも作っておくとよい。

そうすれば、メンバーで手抜きをしているのはだれかということがすぐにわかるからである。逆に言うと、そういうシステムを設けなければ、必ず手抜きをする人が出てきて、グループは効率的に働かなくなるのである。

27

あえて危機的状況に自分を投げ込め

これを往く所なきに投ずれば、諸・劌《かい》の勇なり。［九地篇］

ほかに行き場のない状況に追い込めば、みな専諸《せんしょ》や、曹劌《そうかい》のように勇敢になる。

専諸も、曹劌も春秋時代を代表する勇者である。専諸は、伍子胥《ごししょ》に見いだされ、呉王僚を暗殺した刺客であり、曹劌のほうは、講和会議の席において自分の仕える荘公のために、敵の恒公に近づいて匕首《あいくち》を突きつけた人物だ。

どちらも自分を信頼してくれた人のために、自分の生命を喜んで投げ捨てた人物であるが、どんな人であっても追いつめられれば彼らのように力を出すことはできるのだ、と孫子は語っているわけである。

もともとの性格がどうなのか、はあまり関係がない。大切なのは、力を引き出すような状況である。状況さえ整えば、私たちは、自分でも信じられないような力を出すことは可能なのだ。

2000年のオリンピックにおけるトライアスロン競技において、なぜか水泳でパーソナル・ベストを更新する選手が続出した。

トライアスロンは、自転車ロードレース、水泳、長距離走の三つの種目から成り立つ競技なのであるが、なぜ水泳だけでベストタイムを更新する選手が続出したのか。

その理由は、きわめて単純なことだった。

実は、シドニー湾にはサメがいると思われていたので、選手たちは、「サメに襲われてはたまらない」と思って全力で泳いだだけなのだ。だから、パーソナル・ベストを出す選手が続出したのである。

私たちの身体は、危機的な状況に置かれると「アドレナリン・ラッシュ」という現象が起きる。身体を活性化させるエピネフリンというホルモンがバンバン分泌されて、自分でも信じられないくらいの力を出すことができるのだ。

だれでも危機的状況を作り上げてしまえば、アドレナリン・ラッシュが起きる。

そのため、あえて自分を危機的状況にさらす、というのも心理学的には、まことによい作戦だ、ということになる。

ビル・ゲイツは、まだBASICのプログラムがきちんとできてもいないのに、それを売り込んだ。商品を売る約束を結んでから、必死に開発したのである。ウィンドウズも、まだできていないうちに売り込んで、それから開発したというのは有名な話だ。

おそらくビル・ゲイツは、わざと自分を危機的な状況に追い込んだのであろう。

かりに自分が一度も取り組んだことがない仕事でも、「○○さん、こういう仕事できる?」と依頼を受けたときには、涼しい顔をして、「ええ、もちろん。できますよ」と引き受けてしまうのもいいアイデアだ。そうやって自分を追い込んでしまえば、アドレナリン・ラッシュが起きて自分でも信じられない潜在能力を引っ張り出せるものである。

第四章 CHAPTER FOUR

優れたリーダーは「情報」を重視し「変化」を見逃さない

28

相手を「やっつけない」ことで説得はうまくいく

およそ用兵の法は、国を全うするを上と為し、国を破るはこれに次ぐ。［謀攻篇］

およそ人を動かす原則は、相手を傷つけずにそのまま屈服させるのが上策で、相手を打ち破って屈服させるのはそれには劣る。

ベンジャミン・フランクリンといえば、科学者としても、政治家としても非凡な才能を発揮した人物であるが、「米国中でもっとも人あたりのいい人物」としても知られていた。フランクリンは、人と議論をするのが大好きで、こてんぱんに相手を論破するのを常としていたが、「議論には勝っても人には嫌われる」ということに気づき、そんな自分をやめるようにしたらしい。

フランクリンは、どんなに自分が正しいと思っても、それでも自分の意見を押しつけるようなことはせず、相手を思いやる気持ちを持って接するようにしたそうである。少々長くなるが、『フランクリン自伝』松本慎一・西川正身訳（岩波文庫）から引用してみよう。

間違いだと思われることを人が主張した時でも、頭から反駁したり、いきなりその主張の不当を指摘して快を貪るようなことはやめ、これに答えるにも、まず最初に、時と場所によっては君の意見も正しいだろうが、現在の場合はどうも違うようだ、自分にはそう思えるが、などと述べるのであった。かように態度を変えた効果は、たちまち現われ、人と話をしても以前より気持ちよく運ぶようになった。謙譲な態度で自分の意見を述べるので、かえって容易に人に容れられ、反対も少なくなってきた。自分の意見が間違っている場合でも、そんなに恥をかかないですんだし、たまたま自分のほうが正しい場合には、いっそう容易に人を説得してその誤りを改めさせ、自分の説に同意させることができるようになった（p150〜151）。

フランクリンは、このようなやり方で人の心をつかんでいたわけだが、このやり方は私たちもぜひ見習いたい。

人間は、だれでもメンツを潰されたくないと思っている。そのため、こちらが高圧的な態度をとっていると、相手は自分の自尊心を守るために、かえって激しく抵抗を示そうとするものである。だからこそ、人を動かすときには、ムリに動かそうとするのではなく、相手が自分自身で心を変えてくれるのをじっくりと待ってあげたほうがいいのである。

心に余裕を持って、のんびり構えていたほうが、説得はうまくいくことが少なくないのだ。

イリノイ大学のブライアン・クイックは、「あなたのようなライフスタイルの人には、この携帯電話が一番いい！」とか「絶対、この携帯電話がピッタリですよ！」などと言ってムリに勧めれば勧めるほど、かえって消費者は、その携帯電話を買いたくなくなってしまう、ということを実験的に確認している。無理押しは、逆効果になることが多いのだ。

かりに自己主張するにしろ、「私は○○がいいと思うよ。でも、決めるのはあなただから」というように、最終決定は相手にまかせなければダメである。こちらの意見を押しつけようとすると、相手は反発してくるのだ、ということを理解しておかなければならない。

29

まず相手をしっかりと理解することが重要だ

彼れを知りて己《おの》れを知れば、百戦して殆《あや》うからず。［謀攻篇］

相手のことを調べ尽くし、さらに自分のこともよく知っていれば、戦ってもまったく危険がない。

相手のことをしっかり知っておけば、その人と仲良くなるのはたやすい。その人の家族構成はどうなっているのか、どんな趣味を持っているのか、どんな団体に属しているのか、普段はどんなお店でお酒を飲んでいるのか、などを徹底的に調べ上げておこう。相手のデータを調べれば調べるほど、その人とうまく付き合えるようになる。

相手のことを調べるのは、かつては非常に大変なことであった。その人と昵懇《じっこん》の関係にある人を探し出し、お目当ての人物について「あの人って、どんな人なんですか?」と尋ねたりしなければならなかった。同級生の名簿などを見つけてきて、当時のクラスメートに片っぱしから電話をかけまくって、お目当ての人物について調べ上げる必要もあった。

けれども、現在は、相手のことを調べるのが、とてもラクになった。なぜなら、ブログ、フェイスブック、ツイッターなどがあるからである。ブログやツイッターなど、公表されているものからでも、かなりの程度まで相手の情報を手に入れることができる。

「へぇ、お子さんが来年、受験なんだな……」

「なるほど、ペットを飼いたいと思っているのか……」

などの情報が手に入れば、後の対応もたやすくなる。相手が聞きたくなるような話のネタを事前に集めておけばいいのである。相手のことを前もって調べておかず、いきなり相手と会おうとするから、いろいろと問題を起こしてしまうのだ。

人に会うときには、相手がブログをやっているのなら、それを少し読んでおくと、どんな主義主張の持ち主なのか、どんな趣味を持っているのかなどをかなり詳しく知ることができ、ソツのない会話もできるはずだ。

カナダにあるケープ・ブレトン大学のスチュワート・マッカンは、ツイッターの文面からだけでも、その人がどんな人なのかをある程度まで読めると述べている。つぶやきがポジティブなら、性格的に楽観的であろうし、仕事もうまくいく人であり、つぶやきがネガティブなら、神経質であるし、悲観的な人だ、ということがわかるというのである。

ともあれ、最近のSNSの発達によって、人の情報を調べるのは、そんなに難しい作業でもなくなったのであるから、とにかく相手のことを何でも調べ上げておくことである。そうすれば、相手に好かれるにはどうすればいいのかもわかる。

明治維新の功臣として知られる大久保利通は、主君の島津久光に近づくため、一生懸命に囲碁を習ったという話は有名だ。久光は囲碁が大好きだったのである。囲碁仲間になれば、久光にも登用されるだろうと大久保は読んだわけだが、この読みは大当たりした。相手のことがわかれば、こういう作戦もとれるようになるのである。

30

人の性格は簡単に変えられる

乱は治に生じ、怯《きょう》は勇に生じ、弱は強に生ず。［勢篇］

乱れというものは整った状態から生まれ、臆病な気持ちは勇猛な心から生まれ、弱さは力強さから生まれる。

「私たちの性格は、いくらでも変わる」と孫子は言っている。小さな頃には臆病者でどうしようもなかったのに、それを克服するための努力をして、豪胆な人間に生まれ変わった人は、いくらでもいる。

たとえば、ドイツの鉄血宰相と呼ばれたビスマルクは、子どもの頃には、小さな虫を見ても怖がるほどの弱虫だった。坂本龍馬も臆病で、おねしょばかりしている子どもだったと言われている。

「私は、○○がダメだな」というコンプレックスを持つことは、ある意味いいことである。

なぜ、いいことなのかというと、コンプレックスがあればこそ、そのコンプレックスをどうにか克服しようとして、普通の人には到達できないような地点にまで、自分を高めることができるからだ。

古代ギリシアの雄弁家デモステネスは、吃音症であった。うまく話すことができない自分を恥じて、徹底的にそれを克服しようとして、雄弁家として名をはせるまでになったのである。

もしデモステネスが、吃音症でなく、ごく普通に会話ができる少年だったとしたら、わざわざ話術を磨こうとも思わなかったであろう。そんな必要を感じないわけだから。つまりは、デモステネスが雄弁家になれたのは、コンプレックスのおかげであるとも言えるわけである。

アルフレッド・アドラーという心理学者は、コンプレックスがあればこそ、人は自分の足りない部分を伸ばせるのだと述べ、これを「補償」と呼んでいる。足りないところがあるのは、悪いことではなくて、むしろいいことなのだ。

結局、物事というのは、自分の考え方次第であって、自分にとって、あるいは自分の会社にとってはマイナスだと思われるようなことも、実は「強み」へと転換することだって、できるはずなのである。

たとえば、みなさんが居酒屋を経営しているとする。

その際、自分の店舗が駅から非常に遠い場所にあるというのは、普通に考えればマイナスであるかもしれないが、「隠れ家風のゆったりしたお店です」というコンセプトで売り出すのであれば、駅から遠いことも、かえってお店のウリになったりするわけである。

みなさんのまわりにも、こんなマイナスのコンセプトを前面に打ち出しているお店がきっとあるはずだ。

弱みは、強みへと転換できる。自分が弱みだと思っていることも、見方を変えれば、かなりの強みになることもあるのだ、ということを覚えておきたい。

31

ひとつのやり方、ひとつの考え方に縛られるな

故に兵を形《あらわ》すの極は、無形に至る。無形なれば、即ち深間《しんかん》も窺《うかが》うこと能わず、智者も謀《はか》ること能わず。〔虚実篇〕

そこで態勢をとる極致は、無形になることである。無形であれば、スパイでもこちらの内情を探りだすことはできないし、智略に優れた人間でもわからなくなる。

「こうすればうまくいく」という過去の成功体験にしがみつくのは、とても危険である。昨日の勝利は、明日の勝利を保証してくれるわけではないのだ。

社会は、たえず変化しつづけているのであって、その変化にきちんと適応していかなければ、生き延びることもできない。

コンビニ業界のナンバーワンといえば、セブン‐イレブンであるが、そのセブン‐イレブンは、たえずマイナーチェンジをくり返して、お客さまのニーズに対応している。そういう努力をしているから、業界ナンバーワンでいられるのである。ひとつの勝ちパターンというか、「形を決める」のはよくない。孫子の言うように、「無形」でのぞまなければならない。

たとえば、セブン‐イレブンを利用するお客さまというと、平均年齢は少しずつ上がっている。かつてはコンビニというと、若者の利用者が多かったが、最近ではシニア層の利用が増えている。

そのため最近では、食べ盛りの若者に合わせた、がっつりしたお弁当よりも、むしろヘルシー志向のシニア層に合わせたお弁当を主力にしている。時代の変化にきちんと合わせているのだ。

もしセブン‐イレブンが10年前と同じように、若者向けの商品ばかり取り揃えていたら、利用者にもソッポを向かれてしまっていたであろう。

「とりあえず今までどおりでいい」

「とりあえず、このままのやり方を踏襲しよう」

というのは、とても危険である。

時代、文化、社会、客層などの変化によって、たえず自分自身を変えていかなければならない。そういう「変化に対する適応力」のある人間が、これからの時代に求められている人材だと言えよう。

ペンシルバニア州立大学のマーティン・キルドフは、「カメレオン人間ほど出世する」というユニークなタイトルの論文を発表している。

カメレオン人間というのは、環境に合わせて自分をうまく適応させていく人間という意味である。キルドフは、MBA課程の修了生を5年間にわたって追跡調査してみたのだが、カメレオン人間ほど昇進の回数も多かったという。

「自分なりのやり方を持つ」のは、大切なことであるが、それによって、変化に適応できなくなるのであれば、問題だ。

セールスマンもそうで、「自分の得意とするセールス話法」みたいなものを身につけると、かえってパフォーマンスは悪くなる。

米国アラバマ大学のジョージ・フランクによると、優れた業績を残しているセールスマンは、お客に合わせてセールスのやり方を変えるという「適応行動」をとっているそうなのである。決して、特定のやり方に縛られないセールスマンほど、成績はいいのである。

必要とあれば、いつでも自分を変化させよう。

そういう柔軟性というか、適応力こそが、これからの時代ではさらに重要になっていくことを覚えておこう。

32

利益だけでなく、最悪のケースも想定しておく

智者の慮は必ず利害に雑《まじ》う。利に雑りて而《すなわ》ち務めは信《まこと》なるべきなり。害に雑りて而ち患《うれ》いは解くべきなり。［九変篇］

智者は、必ず利益と害を合わせて考える。利益だけでなく害になることも合わせて考えるからうまくいく。害のあるところにも利点を合わせて考えるから、心配事もなくなるのである。

「捕らぬ狸の皮算用」という言葉がある。私たちは、時として、利益ばかりに目を向けて、損失をまったく考慮しない。そのため、「こんなはずじゃなかったのに……」と臍《ほぞ》を噛むような悔しい思いをするのである。

私たちは、自分にとって都合のいいことばかりを考えてしまう。

私たちの判断は、自分に都合のいい方向に歪みやすいのである。

心理学では、このような判断の歪みのことを「バイアス」と呼んでいる。私たちは、自分だけは病気にならないし、事故に巻き込まれることもないし、自分の会社だけは利益を出せる、などと考えやすい。根拠もないのに、そう信じ込みやすいのである。

では、こういうバイアスは減らせないのだろうか。

私たちの判断の歪みは、どうすることもできないのだろうか。

いやいや、そんなことはない。プリンストン大学のチャールズ・ロードによると、「できるだけ反対の立場から」考えるようにすると、自分に都合のいいバイアスを減らすことができるという。これを〝修正効果〟と呼ぶ。

たとえば、自分で独立開業しようというときには、うまくいくケースだけでなく、最悪のケースについても考えるようにするのだ。そうすれば、より客観的で、冷静な判断ができるようになる。

最悪のケースなど考えたくもないかもしれないが、それでもあえて考えてみるのである。そのほうが、よりバランスのとれた判断ができる。

カナダにあるサイモン・フリーザー大学のロジャー・ビューラーは、大学生に論文の課題を出して、「何日で仕上がると思うか？」という予想をさせてみた。学生は、平均して33・9日と予想した。けれども、実際の提出には、55・5日もかかったのである。なんとも見通しが甘いのである。

なおビューラーは、単なる予想ではなく、最悪のケースについてもあらかじめ質問しておいた。「最悪の事態が次から次に起こったとしたら、論文はどれくらいで仕上がるか？」と尋ねていたのである。このときには、平均して48・6日という答えであった。48・6日でも、現実に提出された55・5日に比べれば、まだ甘い判断をしているわけであるが、それでもより現実に近い判断ができていたことになる。

判断をするときには、自分に都合のいいことだけでなく、最悪のことも考えてみよう。そうすれば、より現実的な判断ができる。

ビジネスでは安易な楽観性はとても危険である。最悪の想定をしていても、それでもさらに悲惨な事態など、あとからいくらでも出てくる。

そんな状況でも冷静でいるためには、臆病すぎるくらいに最悪のことを考えておくべきなのだ。

33

どんなに小さな手がかりも見逃すな

衆樹の動く者は来たるなり。衆草の障多き者は疑《ぎ》なり。鳥の起《た》つ者は伏なり。獣の駭《おどろ》く者は覆《ふう》なり。〔行軍篇〕

多くの木々がザワザワするのは、敵が攻めてきたのである。多くの草がおおいかぶせてあるのは待ち伏せを疑わせるためである。鳥が飛び立つのは待ち伏せがいるからである。獣が驚いて走るのは奇襲である。

元テニスプレーヤーの伊達公子さんは、『進化する強さ』（ポプラ社）の中で、相手の様子をうかがうことの大切さについて語っている。

ベンチに座って休む90秒の間においてさえ、伊達さんによると、さりげなく相手を観察しているのがプロなのだそうだ。相手の体力はどれくらい残っているのか、息はあがっていないか、足を引きずっていないか、といった細かいことを観察して、試合の展開を決めていくのだそうである。

しっかりと観察すればするほど、自分にとって有利な試合運びができることは言うまでもない。

プロのテニス選手はお互いにそれを知っているので、逆に、「相手に読ませない」ための駆け引きもしているのだという。

たとえば、コートチェンジのときも、本当はしんどくて息が上がり、ハァハァしているときでも、相手とすれ違う瞬間だけは、息を止めて涼しい顔をしてみせたりするらしいのだ。

こちらは、まだまだ余裕があるんだぞというアピールをして、相手の心を折らせるのが目的だ。

孫子は、地形をよく観察することの重要性を説いているのだが、スポーツの世界でも、ビジネスの世界でも、人をよく観察することは同じように重要だ。なぜなら、そこで勝負が決まることも多いからである。

相手の声は震えていないか。視線は落ち着いているか。表情はどうか。おどおどしていないか。指先はせわしなく動いたりしていないか。貧乏ゆすりをしていないか。汗をかいていないか……。

観察すべきポイントはあまりに多すぎるので、その一つひとつを述べることはできないが、自分が相手に好かれているかどうかを簡単に見抜くための手がかりを紹介しておこう。

カリフォルニア大学のアルバート・メラビアンによると、私たちは好きな人を目の前にしているときには、自然と「前かがみ」になり、逆に、嫌いな人を目の前にすると、「後傾姿勢」をとるという。

したがって、もし目の前の人物が、身をそらすような姿勢をとっているのだとしたら、みなさんに対して嫌悪感を抱いているのである。嫌な相手には、体を真正面ではなく、横に向けたりもする。そんなときには、自分がなぜ相手を不愉快にさせているのかを考える必要がある。

ともあれ、人をよく観察することは重要だ。相手の表情、しぐさなど、細かい手がかりをも見逃さないようにしたい。

34

いい会社かどうかは、「逃亡率」でわかる

兵には、走る者あり、弛《ゆる》む者あり、陥《おちい》る者あり、崩《くず》るる者あり、乱るる者あり、北《に》ぐる者あり。凡そ此の六者は天の災《わざわい》に非ず、将の過ちなり。［地形篇］

人には逃げる者があり、油断があり、劣勢があり、崩れるのがあり、乱れるのがあり、負けて逃げるのがある。これら六つのことは、自然の災害ではなくて、リーダーたる者の過失によるのである。

船が沈みそうになると、ネズミたちは真っ先に逃げ出そうとするといわれている。会社でもそうで、「うちの会社はもうダメだな」と感じた人たちは、われ先にと会社を辞め、次の転職先を探そうとする。会社と一緒に沈むのは御免こうむりたいからである。

したがって、その会社の「逃亡率」、すなわち「離職率」を調べれば、その会社がいい会社かどうか、経営者に魅力があるのかどうか、働きやすい環境が整っているのかどうか、などもある程度は予想がつく。

働いていて楽しい会社なら、社員は逃げ出そうとしない。

逃げる必要をまったく感じないからである。

「逃げたい」と感じさせる要因があるからこそ、人は逃げ出すことを考えるのである。殺人的なほどに残業を求めるとか、休みが少ないとか有給休暇が取りづらいとか、上司がものすごくイヤなヤツであるとか、何らかの理由があるから、離職率は高くなるのだ。

米国ラトガース大学のマーク・ヒューソリッドは、968社の離職率について調べて、次のような特徴のある企業では離職率が低いことを明らかにしている。

○正しい人事評価がなされている
○社員にやる気を出させるインセンティブが用意されている
○職務計画がきちんとしている
○社員が情報を共有している
○採用にも力を入れている
○昇進の基準が明確である

これらの特徴のある企業からは、社員はわざわざ逃げ出そうとしない。つまり、やった仕事に対して評価され、昇進も期待できるので、社員はそれだけ安心して仕事ができ、やる気をもって仕事に取り組めるということである。逆に言うと、これらのシステムをきちんと有していない会社は、社員が逃げ出してもしかたがない会社なのである。

孫子は、兵士が逃げ出すのは将の責任だとしているが、会社の組織も同じだ。年間に社員が3割も4割も入れ替わるような会社が、健全な会社であるわけがない。確実にブラック企業である。

経営者の中には、もともと「社員なんて使い捨て」と考えていて、離職率がいくら高くとも気にしない人がいるが、そういう会社が伸びていくことは決してあり得ないであろう。

35

決定者を分ける

戦道必ず勝たば、主は戦う無かれと曰《い》うとも必ず戦いて可なり。戦道勝たずんば、主は必ず戦えと曰うとも戦うなくして可なり。〔地形篇〕

合戦において十分に勝ち目があるのなら、主君が戦うなと言っても戦うのがよく、勝てないときには、主君が戦えと言っても、戦わないのがよいのである。

すべての決定を一人で行うのは、難しい。なぜなら、神さまでもない人間は、いくらでも判断の誤りをすることがあるからである。

同じ会社に勤めている人間でさえ、ある人は、「まだまだ伸ばせる余地がある」と考えるかもしれないし、別の人間は、「もうこの事業からは撤退したほうがいい」と考えるかもしれない。同じ事実からしても、そこからどのような判断を引き出すのかは、人によって異なるのである。

最終決定をするのは、当然ながら、経営者である。

しかし、その経営者の判断が間違っていると思うのなら、現場の指揮官やマネジャーが独自の判断をしてもよい、と孫子は述べている。

決定権を一人だけ、たとえば、経営者や国王だけにゆだねるのは、とても危険である。

では、どうすればいいのかというと、決定者を分けてしまうのがいい。

このテクニックは、カリフォルニア州立大学のバリー・ストーが提案しているものである。

たとえば、新しいベンチャーに取り組もうと考えているとする。難しいのは、撤退の判断だ。どのタイミングで撤退すればいいのかを決めるのは、とても難しい。

ベンチャービジネスを始めた人間は、なかなか自分では撤退の判断ができない。「これだけお金をつぎ込んだのだから、もう少し頑張ってみようか……」と考えてしまうことが多く、冷静な判断ができなくなり、撤退の判断がどうしても遅れがちになってしまう。「損切り」をするのは、とても難しいのだ。

そうなるのを防ぐためには、ストーによると、ベンチャーを実行に移していく決定者と、撤退の判断をする決定者とは分けておくのがいいという。

撤退するかどうかの判断をする人が別にいれば、その人は冷静に撤退のタイミングを見抜くことができるというのである。

どうしても一人で決定しなければならないのだとしたら、行動を起こす前に、あらかじめ撤退についても考えておくのがいい。つまり、「損益がこれこれに達したら、すぐに撤退」ということを決めておき、実際にそれだけの損をしたら、何も考えずにすぐに撤退するのである。

とはいえ、そのように決めていたとしても、なかなかに一人では判断は難しいであろう。ちょうど競馬やパチンコに出かけるときには、「2万円までしか使わないことにしよう」と思っていても、負けが込んでくると熱くなってしまって、有り金をすべて使ってしまうということはよくあるからである。

一人で決定するのは難しいのだから、できれば他の人に判断してもらうように決定権を二つに分けておくのがいい。

36

スパイを使ってホンネを知る

先知なる者は、鬼神に取るべからず。［用間篇］

あらかじめ知ることは、祈ったり、占ったりするやり方でできるのではない。（必ずスパイを利用しなければならない）

消費者がどんな欲求を持っているかを知りたいと思ってアンケート調査などを実施しても、なかなかホンネを暴き出すことはできない。なぜなら、人間は、アンケートに回答するときには平気でウソをつくからである。

たいしてほしくもない商品やサービスでも、「こんなのはいらないよ」とは、調査員を前にしてはなかなか言えるものではない。神経の図太い人でも、ホンネを隠して回答するものである。

では、どうすればホンネを知ることができるのかというと、「スパイ」を使えばいいのだ。実際、アイデア社長の異名をとったリコーを中心とする「リコー三愛グループ」の創始者である市村清は、スパイを使って市場調査を行っている。市村は、女子大学生をスパイとして雇って、ビジネス街の会社や百貨店などに派遣したことがある。派遣先は、トイレ。

なぜ、トイレなのか。それはこういうことである。あるとき、市村が百貨店のトイレで用を足していると、隣の女性用のトイレから、女子同士の会話が聞こえてきた。その内容は、相当にあけすけな会話である。「なるほど、女性同士は、トイレでホンネを語るのか」と気づいた市村は、市場調査員をトイレに派遣し、そこでおしゃべりの記録をとらせたのである。

普通にアンケートやマーケティング調査をしても、回答者がホンネを語るとは思えない。

ホンネを知りたいのなら、相手が警戒していないような状況において、聞き耳を立てる、というやり方をとらなければならない。

実は、心理学者も、市村のようなやり方でデータを集めることがある。記録されていることに気づかれないようにデータを集める必要があるとき、心理学者もこのやり方をとるのだ。

たとえば、ノースイースタン大学のジャック・レヴィンは、大学生はどんな内容のおしゃべりをするのかを知るため、男女1名ずつの学生アシスタントをスパイとして雇って、学生ラウンジでこっそりと漏れ聞きをさせたことがある。

8週間に渡って、毎日午前11時から午後2時までの3時間の記録をとらせたところ、会話のほとんどが「他人のゴシップ」であることがわかった。女性のおしゃべりの71%、男性は実に64%が、ゴシップだったのである。私たちは、他人をネタにして話すのが大好きらしい。

スパイを使うやり方は、とても効果的である。職場で、自分がどれくらい人気があるのかを知りたいと思っても、自分では調べるのが難しい。「あなたは、僕のことを尊敬している?」などと尋ねても、なかなか正しい感想は教えてもらえないであろう。「正直に言って、あまり好きではありません」と面と向かって答えてくれる人は、おそらくゼロであろう。

こんなときには、やはり腹心の部下や後輩にお願いして、さりげなく自分の噂を集めさせてみるなどをしないと、なかなか正しい評価を得ることはできないのではないかと思われる。

37

相手が丁寧だからといって、安心しない

辞の卑《ひ》くして備えを益《ま》す者は進むなり。〔行軍篇〕

言葉は丁寧でへりくだっているくせに、準備を増しているように見えるのは、攻めてくるのである。

訪問した先で、担当者がとても丁寧に対応してくれたとしよう。けれども、それは必ずしも、こちらの提案を受け入れてもらえるということにはならない。自分が好かれた、ということにもならない。

その担当者がもともと腰の低い人で、だれに対しても丁寧に対応しているという可能性もあるし、あまりひどい断り方をしたらかわいそうだと思ったので、丁寧に対応してくれた、という可能性もある。

ともあれ、相手が丁寧に対応してくれた、ということだけでは、自分を気に入ってもらえたのか、あるいは提案や企画に賛成してくれたのかどうかはわからないのである。

相手が丁寧に接してくれたとしても、「よし、契約も取れそうだぞ」などと考えてはいけない。それは早合点しすぎである。

本当に相手がこちらに心を許してくれたり、商売の話で乗り気になってくれているのであれば、もう少しくだけた態度をとってくるはずなのだ。そういう親しさが見えてくるまでは、相手との関係性は深まっていないと判断したほうがよいだろう。

孫子は、相手が丁寧な態度に出てきたときは、むしろ攻めてくることを警戒せよ、と述べているわけであるが、丁寧な態度の裏に隠されたものに目を向けることはとても大切である。

私たちは、相手に対して、「心理的な距離をとりたい」と思うときにも、丁寧な態度をとることがある。

言葉遣いをやたらに丁寧にするのは、それだけ相手と距離を置きたい、という気持ちのあらわれかもしれないのだ。

家庭裁判所の調停委員を長年務めた人によると、離婚の調停にやってきた夫婦の間では、「敬語」が使われることが多いという。敬語とは、心理的な距離の遠い人同士で使用されるものであり、敬語を使う夫婦は、戸籍上はまだ夫婦でも、心理的にはすでに「他人」になっていることを意味する。

ジョージア大学のデビッド・シャファーは、男女の大学生を集めて、「お互いに知り合うプロセスを研究する」という名目で、面識のない人たち同士をペアにして、自由に会話をさせてみたことがある。

そのとき、あるペアには、「もう二度と会いません」と伝え、別のペアには、「次もまた同じペアで会います」と伝えておいた。

その会話をビデオでこっそりと録画したものを分析したところ、男性は、「二度と会わない」といわれた相手には、きわめて表面的な話しかせず、プライベートなことをほとんど話さないことがわかったという。親しくなろうとしなかったのだ。

相手が丁寧に対応してくることは、表面的な態度をとっているということであり、「あまり親しくなりたくない」という意思表示なのかもしれない。

第五章 CHAPTER FIVE

優れたリーダーは「時」と「勢い」をうかがう

38

迷ったら、とにかく動いてしまえ

兵は拙速なるを聞くも、未だ巧久なるを睹《み》ざるなり。［作戦篇］

すばやくやればうまくいくが、ゆっくりやってうまくいくという例はない。

仕事をしていれば、その場その場での判断を求められることが少なくない。

さて、判断や意思決定をするときのルールは、「とにかくさっさと決めろ！」である。「たっぷりと情報を集めてから、じっくりと判断しよう」と考える人は多いと思うが、どうせ必要にして十分な情報など、集まるわけがない。つまりは、考えるだけ、時間のムダである場合のほうが多いのである。

こんなときには、自分の直観を信じて、とにかくAかBかを決めてしまったほうがいい。

アメリカの経営者や経営幹部は、何事も理詰めに経営判断を行っているような印象を受けるが、現実には、そんなに理詰めに考えているわけでもない。

ハーバード大学大学院のダニエル・アイゼンバーグが調べたところ、彼らは、けっこう直観やインスピレーションに頼って判断をしているそうである。そして、それでもけっこううまくやれてしまうらしい。

「なんとなく、こっちが正しそうだ」とか、「なんとなく、こっちの選択はヤバい」という人間の直観は、かなり正確に働くということが心理学の研究でも知られている。

私たちの直観というのは、まんざら捨てたものでもないのだ。

南極越冬隊長だった西堀栄三郎博士も「石橋を叩いていたら、いつまでも渡れない」と言っている。

米国ヴァージニア大学のティモシー・ウィルソンは、「何も考えずに判断してください」とお願いすると、たとえ素人でも、専門家の判断と一致するような優れた判断ができるのに対して、「じっくりと考えてから判断してください」とお願いすると、専門家の判断とはズレた判断しかできなくなることを確認している。

直観で選んだほうが、理由はわからなくとも、正解になることはよくある。

熟慮すると、なぜか不正解を選びやすくなってしまう、ということもさまざまな研究から明らかにされている。

職場のリーダーが判断を下さないといけない場合、じっくりと考えていては手遅れになることもある。考えすぎて質の悪い判断をするよりも、自分の直観を信じて決断したほうがいいことが多い。みなさんもそういう経験はないだろうか。

判断に困ったら、とにかく自分の直観を信じて決めてしまうほうがいい。そのほうが後から考えると正解になることが多いからである。

どの商品やサービスが一番いいのか、あるいは、何人かの候補者のうちからだれを採用すればいいのか、といった判断をしなければならないときには、熟慮するよりは、むしろ直観で選んでしまったほうがうまくいくということを覚えておこう。

39

好調の波をうまくつかんで、その波に乗れ

善く戦う者は、これを勢に求めて人に責《もと》めず。［勢篇］

戦いがうまい人は、勢いによって勝利を得るのであって、人の力量に頼ろうとはしなかった。

私たちの体調や意欲、頭の回転の早さなどは、毎日ずっと安定しているのかというとそんなことはなく、たえず変化している。好不調の波は、だれにでもある。ずっと好調がつづくというわけにはいかないのだ。

したがって、「ここのところ調子がいいな」と自分が思える時期に、とにかく仕事をしまくって、もし調子が悪くなっても大丈夫なようにしておくのがよい。調子がいいときに、悪くなったときのための「貯金」をしておくのだ。

毎シーズンのように高い打率を残しているプロ野球のバッターは、「貯金」の仕方が実にうまい。調子がいいときに、固め打ちのごとく、一試合で3本も4本もヒットを打っておき、そのうち調子が悪くなってノーヒットの試合がつづいても帳尻が合うようにしておくのだ。

ビジネスマンにも、この心がけは役に立つ。たとえば、営業マンであれば、調子がいいときにがむしゃらに仕事をし、バンバン契約をとりまくっておくのである。そうすれば、そのうち不調に陥ったとしても、けっこうなんとかなる。

笠巻勝利さんの『仕事が嫌になったとき読む本』（PHP文庫）という本には、あるタクシーの運転手の話として、「ツイてるなと思ったときには、お昼も食べず、トイレにも行かずに頑張るよ。休むのは、お客さんの流れが途切れたときでいいんだ」というエピソードが紹介されている。こういう心がけが重要なのだ。

私たちには、自分ではどうしようもできない好不調の波がある。したがって、自分にどんな波がきているのかをしっかりと読み取り、その波に乗るようにすれば仕事はうまくいく。不調の波がきているときには、慌てたり騒いだりしないでその波が通り過ぎるのを待てばいい。

ちなみに心理学では、人の波にはいくつかの種類があって、体調がよくなったり悪くなったりする「身体リズム」がだいたい23日周期で巡っていることが知られている。イライラしたり、神経質になったりする「感情リズム」は28日周期、頭の回転がスムーズになったり、記憶力がよくなったり、逆に判断が鈍くなったりする「知性リズム」は33日周期である。

これらは「バイオリズム」と呼ばれる周期であるが、自分の生年月日を入力すると、どんなリズムなのかを教えてくれるサイトなどもあるので、それらを利用すれば、自分のバイオリズムを詳しく知ることができる。

また、スウェーデンにあるカロリンスカ研究所のトーブジョーン・アカーステットによると、一日の中でも私たちのリズムには波があって、多くの人は、正午近くにアドレナリンの分泌が最大になり、作業もやりやすくなり、注意力も高まるそうである。

仕事を片づけるのなら、正午くらいが一番いいのではないかと思う。

40

不調を上手に乗り切るコツ

勢に任ずる者は、其の人を戦わしむるや木石を転ずるがごとし。［勢篇］

勢いを利用する人が兵士を戦わせるさまは、木や石を転がすようなものである。（木や石は平地では動かないが坂においてやれば、勝手に動いてくれるものだ）

景気には、好不調の波があって、これは自分の力ではどうにもすることができない。好調なときには、放っておいてもバンバン商品は売れる。売れないときには、何をやっても売れない。

孫子が言うように、好調なときには、坂道に置かれた石のように、すべてがうまく動くものである。

景気が悪くなると財布のひもがかたくなり、基本的には、どんな商品も売れなくなる。しかし、逆に、景気が悪くなったほうが、バンバン商品が売れてしまう、というカテゴリーもあるのだ。

米国テキサス・クリスチャン大学のサラ・ヒルは、景気が悪くなると、女性は自分をより魅力的に見せようとするので（玉の輿を狙おうとするので）、化粧品や美容品関連の商品は売れる、という面白い現象を発見し、これを「リップスティック効果」と名づけた。

ヒルが米国の労働省労働統計局のデータを調べてみると、失業率が上がって景気が悪い状況では、家具、エレクトロニクス商品、レジャー・ホビー商品は売れなくなるのに、女性をターゲットにした商品、つまり化粧品、洋服、アクセサリー商品は逆に好調であったという。

好不調の波があること自体は、もうどうしようもないことだが、ずっと不調が続くということはないのだから、好調の波がくるのをじっと待てばよい。そのうち事態も好転するのだから。

スランプに陥ったり、不調になったりすると、とたんに不安になって、何か新しいことをやり始めようとする人もいるが、それはやめたほうがいい。スランプのときには、何をやってもうまくいかないのだから、「もうどうしようもない」と割り切ることも必要である。

スポーツの世界もそうだ。スランプになったからといって、いきなり打撃フォームを変えてみたり、新しいトレーニングを試したりする選手がいる。そういう選手はかえってスランプが長引いてしまい、結果が残せないということがよくある。こんなときには、じっと我慢するのがよい。

先に述べたように、好調の波が自分にきているときにがむしゃらに頑張ればよく、このときには、休憩もとらず、休日にも出勤するくらいの気持ちで仕事をすればいい。そうすれば、いざ不調になっても落ち着いていられる。

　また、たとえ不調の波がきても、「それは当たり前」だと思っていると、そんなに気持ちも動揺せずにすむ。人間はロボットではないのだから、不調になることだってある。そんなときにまで頑張ろうとしなくてよい。

41

人に会うのに遅刻するようではダメだ

孫子曰く、凡そ先きに戦地に処《お》りて敵を待つ者は佚《いっ》し、後れて戦地に処《お》りて戦いに趨《おもむ》く者は労す。［虚実篇］

孫子は言う。先に戦場について敵が来るのを待ち構えていれば勝てるが、後から戦場に到着するようなヤツは負ける。

作家の本橋信宏さんは、『心を開かせる技術』(幻冬舎新書)の中で、自分がインタビューする相手が遅刻してくるのは、願ってもないパターンだと述べている。本橋さん自身は絶対に遅刻しないが、インタビュー相手が遅刻してくるのは、まったくウェルカムだというのだ。

なぜ、相手が遅刻してくるのはかまわないのか。

その理由は、いくら図々しい人間でも、遅刻してくれれば多少は申し訳ないなという気持ちになるので、罪悪感を覚え、インタビューの最中でも協力的になってくれる場合が多いからだという。自分が先に来て待っていれば、相手にそういう気持ちを植え付けることができるのだ。

また、山平重樹さんの『ヤクザに学ぶできる男の条件』(祥伝社黄金文庫)という本には、ヤクザは大事な掛け合いのときには、絶対に遅刻しないという話が書かれている。なぜ遅刻がいけないかというと、もうそれだけで五分五分の交渉が、四分六分で不利になってしまうからだというのである。

先に来て待っていれば、心理的にも有利になれる。

後から来るほうは、どうしても心理的に後手に回らざるを得なくなるというか、不利な状況に追い込まれてしまう。

孫子は、いつでも自分が先に戦場に到着して相手を待ち構えることの大切さを説いているが、これは人間関係でもまったく同じなのである。

ちなみに、動物や昆虫の世界では、縄張り争いをするときには、先にその場にいるほうが、かなり有利になるらしい。これを「先住者効果」という。どんなに小さな犬でも、自分が先に住んでいる庭でなら、大きな犬を追いかけまわすことができるのである。

人間でもそうで、たとえば、あるパーティ会場に先に来て待っている人は、自由な場所に座ることができるし、足を大きく開いて座ることもできる。

ところが、遅れてやってきた人は、椅子が空いていても座ることができずに突っ立っていなければならなくなったり、あるいは椅子に腰を掛けても、足を開いて座ることができなかったりする。心理的に委縮するのである。

カナダにあるブロック大学のジャスティン・カーレは、いろいろなスポーツで、ホームでの試合のほうが、アウェーでの試合よりも有利であることがわかっているが、これも「先住者効果」と関連しているのではないか、と分析している。

ともあれ、交渉や商談では、先に来ていることが非常に重要である。遅れてくるような人は、それだけ不利になることを覚悟しなければならない。

42

本業にすべての力を注げ

我れは専《あつ》まりて一と為り、敵は分かれて十と為らば、是れ十を以てその一を攻むるなり。〔虚実篇〕

我々が一丸となって、敵が十に分かれるのなら、我々の十人で敵の一人を攻めることができる。

バブル期の日本では、ほとんどの企業が不動産と株のマネーゲームをやっていた。本業以外のことでお金儲けをするのが当たり前であった。「財テク」しない会社のほうが珍しかった。

けれども、『花王』という会社だけは別で、徹底的にコスト削減を含む業務改革に取り組んでいた。「努力もしないでお金が儲かる。そんなバカなことがいつまでも長続きするわけがない。こういうときこそ本業を一生懸命にやるのだ」と当時の常盤文克社長は考えたというのである（齋藤茂太著、『「気が小さい人」ほどうまく生きられる』ゴマ文庫）。

本業にだけ力を入れるのなら、100％の力をそこに注ぐことができる。三つも四つも別の事業をやろうとすると、それぞれに力を分散しなければならなくなり、一つひとつの事業にはせいぜい20％とか30％くらいしか力を注ぎ込めなくなってしまう。これでは、勝てない。

ゼネラル・エレクトリック社を立て直し、1999年にはフォーチュン誌によって「20世紀最高の経営者」に選ばれたジャック・ウェルチは、「業界のナンバーワンか、ナンバーツーになれないような事業からは、撤退する」という戦略をとった。これが、ナンバーワン戦略である。

ウェルチが社長になる前のゼネラル・エレクトリック社は、さまざまな事業に手を出していて、赤字部門の事業が足を引っ張っていたのだ。

ナンバーワンになることには、大変な価値がある。商品でも、サービスでも、ヒットソングでも、企業でも、ナンバーワンは、その他の10倍も、１００倍ものご褒美が得られるのだ。

二つ以上のことを同時にやっていたら、結局は、すべてがおろそかになる。人間は、同時に二つ以上のことをやるのがヘタなのである。

勉強法の一つとして、「ながら学習」というのがある。音楽を聞きながら、ラジオを聞きながら、勉強をするやり方なのだが、これはものすごく効率が悪い。たしかに、長い時間勉強はできるかもしれないが、ただ単に勉強時間が長くなるだけで、学習効率は悪いのである。

オランダにあるライデン大学のマリナ・プールは、１６０名の高校生をいくつかのグループにわけて、どれくらいの時間で宿題をこなせるのかを調べてみた結果は次の通りだった。

メロドラマを見ながら　40・43分
音楽ビデオを見ながら　35・3分
ラジオを聞きながら　36・5分
ながら学習しない　33・8分

結局、ながら学習をせず、目の前の宿題にだけ取り組むグループが、一番早く宿題をこなせたのである。ビジネスもそうだが、同時に余計なことをやろうとすると、かえって本当に大切な事業への集中力が鈍ってしまうことを忘れてはならない。

43

説得にあたっては「時間帯」も考慮せよ

朝の気は鋭《えい》、昼の気は惰《だ》、暮れの気は帰《き》、ゆえに善く兵を用うる者は、其の鋭気を避けて其の惰帰を撃つ。［軍争篇］

朝型は気力が鋭く、昼頃になるとだれてきて、夕方になると尽きてしまうものであるから、相手の気力が充溢しているときではなく、尽きているときを狙うのがいい。

私たちの心理というものは、時間帯によって大きな影響を受ける。

ごく一般的な話をすると、午前中は「理性の時間」といわれる。人間の理性的な判断や注意力は、午前中のほうが高いのである。もちろん、個人差もあるわけだが、一般的には、だれでも午前中のほうが、頭が冴えている。午前中は、だれでも理性的なのだ。

したがって、「理性的な説得」を狙うのであれば、午前中に相手とアポイントをとるのがよい。

数値やデータを多用し、論拠もしっかりしたプレゼンや交渉をするのであれば、午前中がベストの時間帯であるといえる。

ケンブリッジ大学応用心理研究所のM・ブレイクは、午前8時、午前10時半、午後1時、午後3時、午後9時という時間帯で、もぐら叩きのような作業や、足し算作業、カードの分類作業など、幅広い課題をやらせて注意力や判断力を測定してみたことがあるのだが、作業効率が一番高かったのは、「午前10時半」であったという。

では、午後はどうなのか。心理学的に、午後は「感性の時間」と呼ばれている。午後は、頭よりも感情や感性が優位になる時間帯である。

たとえば、相手に泣きついたりして説得をするのなら、午前中よりも、午後の時間帯のほうがいいであろう。

「今日中に契約をとってこないと、私はもう首を吊るしかないのです」などと大泣きして、相手の情に訴えるやり方をするのなら、午後のほうがいい。

午前中は、「理性の時間」であるから、泣き落とし戦術に訴えても、相手はシビアに断ってくる可能性が高い。判断能力も鈍っていないから、感情に訴えても、なかなか響かないのである。

午後に説得するのなら、あまり根拠や論拠などはどうでもいいので、見た目のインパクトを大事にしたプレゼンをするとか、とにかく派手なスライドや資料を見せるなどをするとうまくいくだろう。

孫子は、人の「気」というものは、一日のうちでも変化するのだということに気づいていた。まさに慧眼である。

心理学的にいっても、人の「気」は時間帯によって変化することが科学的に確認されている。したがって、午前中に説得するのか、それとも午後なのかで作戦を微妙に変えたほうがうまくいくのだ。

ちなみに、人に会うときには、初対面のときは特にそうなのだが、午前中よりも午後のほうが打ち解けた雰囲気を出せる。午後は感性の時間なので、心地よさや親密感などを感じさせるのに向いている時間帯なのだ。

44

天気によっても人の心理は変わる

軍は高きを好みて下《ひく》きを悪《にく》み、陽を貴びて陰を賤《いや》しむ。［行軍篇］

軍隊をとどめるには、高い場所がよく、低い場所は悪い。日当りのいい場所はいいが、日当たりの悪いところはよくない。

私たちの心は、天気によっても影響を受けている。太陽が出て、よく晴れた日には、だれでも心がウキウキしてくる。自然と快適なムードになる。逆に、天気が悪かったりすると、ついイライラしてしまったり、怒りっぽくなってしまう。

お客さまのところを訪問するのなら、晴れた日がいい。なかなか自分で好きなように天気を選ぶことはできないかもしれないが、「晴れた日にはチャンスだ」と思おう。晴れた日であれば、お客さまとの打ち合わせもうまくいくだろうし、契約を結んでくれることも多くなる。

逆に、天気が悪い日に、人と会うアポイントをとったときには、いつも以上に気をつけよう。相手はただでさえネガティブなムードになっている可能性が大なのだから、ちょっとした失言で怒り出す危険もある。そのため、普段以上に気を配る必要があるのだ。

私たちは、晴れた日には、とても親切な気持ちになる。

南ブルターニュ大学のニコラス・ゲーガンは、歩道で手袋を落として、通行人がそれを拾ってくれるのかどうかを測定するというユニークな実験をしたことがある。実験は、晴れの日か、曇りの日に行われた。ただし、気温はどちらも20℃から24℃の間の日とした。

実験をしてみると、晴れた日には、通行人の65・3%が、実験アシスタントの落とした手袋を拾ってくれた。ところが曇りの日には、53・3%しか拾ってくれなかった。晴れた日のほうが、人はやさしくしてくれる、ということである。

人にムリなお願いをしなければならないのなら、天気は晴れた日のほうがいい。そのほうがうまくいく可能性は高くなるであろう。

また、私は株をやらないが、株をやる人は、「天気」にも注意を払うといいかもしれない。

オハイオ州立大学のデビッド・ハーシュレイファーは、「晴れた日には、人は浮かれやすくなるので、株価も上がるのではないか?」という仮説をたててみた。そして、26カ国の15年間分の株価のデータと、それぞれの国の朝の天気データの関連性を調べてみると、まさに仮説どおりであった。晴れた日には、その国の株価はあがっていたのである。

孫子は、お日さまが出ているところでは、兵士の心も変わってくることを見抜いていたが、そういう細かいところにも気を配れるようになりたい。

たいていの人は、晴れているとか、雨が降っているとか、あまりそういう天気を気にしないものだが、人間の心理はものすごく大きな影響を受けているのである。天気を考慮すれば、仕事もうまくいくのである。

朝のニュースで天気予報を見るときには、単純に傘を持っていこうとかそういう判断だけでなく、人の心理についても考えるようにするとよい。

45

相手のしぐさから、帰るべきタイミングを見抜く

杖つきて立つ者は飢うるなり。汲みて先ず飲む者は渇《かっ》するなり。利を見て進まざる者は労《つか》るるなり。〔行軍篇〕

杖をついて立っているのは、軍が飢えているのである。水汲み役の人間が、水を汲んで真っ先に飲んでいるのは、軍に水がないのである。利益があるのに攻めてこないのは疲労しているのである。

孫子は、敵兵や地形について、事細かな観察をしているけれども、私は心理学者なので、同じことを「人」を相手にやっている。

今回は、ちょっと孫子の話とはズレるかもしれないが、どういうサインが見られたら、お暇《いとま》するタイミングなのかを考えてみることにしよう。

人と会っているとき、「退屈だな」とか「そろそろ帰ってもらいたいな」というサインを相手が出すときがある。

こういう手がかりは、できるだけ見落とさないようにし、こちらから「では、そろそろお暇させていただきます」と言ってあげるのが正しい。

なぜなら、相手は、ホンネとしてはさっさと帰ってほしいと思っていても、さすがに「もう帰ってくれ」とは口に出せないからである。だから、こちらからお暇する必要があるのである。

では、どういう手がかりに注目すれば、相手がもう帰ってもらいたいと思っているのかを見抜けるのだろうか。

ポイントは、相手の下半身。

ワシントン大学のJ・ロッカードによると、頻繁に体重移動するしぐさは「帰りたい」とか「その場から逃げたい」のサインであるという。

腰やお尻周辺がモジモジしているとか、足を頻繁に組み替えて体重移動をしているようなしぐさが見られたら、相手はもう「うんざりしている」のだと見なしていい。そこを見逃してはならない。

映画を見ている人も、講演会を聞いている人も、「つまらないな」「もう帰りたいな」と思いだしたら、必ずと言っていいほど同じしぐさをする。頻繁に体重移動をして、お尻をモジモジさせはじめるのだ。

私たちは、「もうかんべん」「早く帰りたい」と思うと、無意識のうちに、「帰るための行動」をスタートさせてしまう。腰を浮かして、椅子から立ち上がろうとしたり、足を前に出そうとするのである。そういうところに注目すれば、お暇するタイミングは見抜けるであろう。

相手が、もう帰りたいと思っているのに、いつまでもつまらない話をつづけるのは、野暮というものである。

ところが、こちらの「帰りたい」サインをまったく気づかずに話を続ける人にたまに出くわす。

相手が退屈していたり、会話に乗り気でない表情を見せたりしたら、さっさと帰ってあげるのが大人のやさしさというものであろう。これは異性とのおつきあいでも当てはまることなのである。

46

あらゆる議論は不毛である

戦うべきと戦うべからざるとを知る者は勝つ。〔謀攻篇〕

戦ってもよいときと戦わない方がよいときとを見極めることができれば勝つ。

人間関係においては、あらゆる言い争いが不毛である。言い争いは生産性がない、何も生み出すものはないのである。親子の言い争い、兄弟の言い争い然りだ。

だれかと言い争いになりそうになったら、勝負の土俵から降りるのが正解である。

ハーバード大学のビル・ナーグラーは、「意図的に戦闘を放棄することが、対人関係を永続させる」と述べている（『ビルとアンの愛の法則』講談社＋α文庫）。

ナーグラーによると、言い争いは、考えれば本気で争うのがバカバカしい事柄ばかりだというのである。どうでもいいようなことなのだから、本気で争ってはいけない。

勝負の土俵に上がらなければ、たいていの争いは避けることができる。土俵から降りてしまえば、戦う相手がいなくなるのだから。

ナーグラーは、もし相手と言い争いが始まりそうになったら、次のような自問自答をするとよいとアドバイスしている。

「本当に話し合う必要がある？」

「今すぐに？」

「本当に？」

「どうしても？」

「間違いなく？」

このように自問自答してみると、答えはたぶん「ノー」になるとナーグラーは指摘している。どんな場合においても、言い争いする理由などはない。だから、言い争いをしないほうがいいのだ。

人間関係においては、話し合いなどしないほうがうまくいくことが多い。話し合いは、むしろ事態を悪化させる。議論しないで、そのままそっとしておくほうが、かえってうまくいく場合が多い。

国と国との外交でもそうで、お互いの国にとって非常にシビアな問題、たとえば領土問題などについては、棚上げしておいて、とりあえず経済協力してみるとか、文化交流をしてみる、ということをしていたほうが、お互いに円満でいられる。

お互いの言い分を本気でぶつけあっても、問題が改善されるばかりか、むしろお互いにギクシャクしてしまう。だから、そういう問題は放っておいたほうがいいのだ。

孫子は、戦うべきタイミングと、戦わないほうがいいタイミングをしっかりと見極めよ、とアドバイスしているが、こと人間関係においては、「いつでも戦わない」のが最善の戦略であることを覚えておきたい。

あとがき

本書を最後までお読みくださった読者ならわかると思うが、私の専門は、心理学である。そのため、本書でも随所に心理学のデータが紹介されている。

私は心理学の中でも、特に「説得学」と呼ばれる領域を自分の専門としている。どうすれば人を操れるのか、どうすれば人に好かれるのか、どうすれば上手に人を管理できるのか、といったテーマを普段は研究している人間である。

では、なぜ心理学者のくせに、あえて「孫子」をメインにした著書を執筆したのかというと、孫子に書かれている内容は、まさに現代心理学で明らかにされてきた科学的な心理法則と重なる部分が大きいからである。

孫子は、兵法家として、どうすれば兵士を巧みに動かすことができるのかに多大な興味を抱いていた人物である。戦争に勝つためには、どうしても兵士に動いてもらわなければならない。なにしろ、航空機も戦車もミサイルもなかった時代だ。兵士の動かし方次第で、勝敗が決まる時代だったのである。

そのため兵士の動かし方について、孫子は徹底的に研究しつづけたわけであるが、その内容は、まさに私の研究領域と面白いほど一致するのである。

「孫子曰く……」という内容は、「心理学者のだれそれによると…」と置き換えても、それほどおかしくはない。そういうわけで、私は孫子を紹介しながら、同時に心理学についても学べるような本を執筆したいとかねてから思っていた。

そんな折、たまたま、「内藤先生の好きなテーマでビジネス本を書いてくださいませんか?」という依頼を受けたので、「ぜひ『孫子』でやらせてください!」とお願いしたわけである。私にとっては、まさしく渡りに舟という感じであった。

書店のビジネス書コーナーにいくと、けっこう孫子の本は数多く見つかると思うのだが、心理学的に解釈したのは、本書だけではないかと思う。ぜひ本書をみなさまの仕事に役に立てていただきたい。

実は、私は中国の古典がけっこう好きで、『貞観政要』という帝王学の本についても、心理学的に読み解いてみたことがある。こちらのほうも、ぜひ一読いただければ幸いだ。中国の古典というのは、心理学的にも興味深い本がけっこうたくさんあるのである。

さて、本書の執筆にあたっては、編集企画ＣＡＴ《シーエーティー》の中村実さんと水王舎の瀬戸起彦さんに編集の一切をお願いした。この場を借りてお礼を申し上げたい。心より感謝している。

また、最後までお付き合いくださった読者のみなさまにも、ぜひお礼を申し上げたい。本当にありがとうございました。また、どこかでお目にかかりましょう。

内藤誼人

２０１８年12月

* Quick, B. L., & Kim, D. K. [2009] Examining reactance and reactance restoration with South Korean adolescents: A test of psychological reactance with a collectivist culture. *Communication Research*,36, 765-782.
* Quigley, B., Gaes, G. G., & Tedeschi, J. T. [1989] Does asking make a difference? Effects of initiator, possible gain, and risk on attributed altruism. *Journal of Social Psychology*,129, 259-267.
* Reingen, P. H. [1978] On inducing compliance with requests. *Journal of Consumer Research*,5, 96-102.
* Robinson, S. L. & Rousseau, D. M. [1994] Violating the psychological contract: Not the exception but the norm. *Journal of Organizational Behavior*,15, 245-259.
* Shaffer, D. R., & Ogden, K. [1986] On sex differences in self-disclosure during the acquaintance process: The role of anticipated future interaction. *Journal of Personality and Social Psychology*,51, 92-101.
* Staw, B. M., & Ross, J. [1987] Knowing when to pull the plug. *Harvard Business Review*,65, 68-74.
* Summers, T. P. [1988] Examination of sex differences in expectations of pay and perceptions of equity in pay. *Psychological Reports*,62, 491-496.
* Wilson, T. D., & Schooler, J. W. [1991] Thinking too much: Introspection can reduce the quality of preferences and decisions. *Journal of Personality and Social Psychology*,60, 181-192.
* 金谷治訳注『新訂　孫子』岩波文庫

* Johnson, E. J., & Goldstein, D. [2003] Policy forum: Do defaults save lives? *Science*,302, 1338-1339.
* Jones, A. S., & Gelso, C. J. [1988] Differential effects of style of interpretation: Another look. *Journal of Counseling Psychology*,35, 363-369.
* Kilduff, M., & Day, D. V. [1994] Do chameleons get ahead? The effects of self-monitoring on managerial careers. *Academy of Management Journal*,37, 1047-1060.
* Krampe, R. T., & \ Ericsson, K. A. [1996] Maintaining excellence: Deliberate practice and elite performance in young and older pianists. *Journal of Experimental Psychology: General*,125, 331-359.
* Lee, F., Peterson, C., & Tiedens, L. Z., [2004] Mea culpa: Predicting stock prices from organizational attributions. *Personality and Social Psychology Bulletin*,30, 1036-1649.
* Levin, J., & Arluke, A. [1985] An exploratory analysis of sex differences in gossip. *Sex Roles*,12, 281-286.
* Lockhard, J. S., Allen, D. J., Schiele, B. J., & Wiener, M. J. [1978] Human postural signals: Stance, weight shifts and social distance as intention movements to depart. *Animal Behavior*,26, 219-224.
* Lord, C. G., Lepper, M. R., & Preston, E. [1984] Considering the opposite: A corrective strategy for social judgment. *Journal of Personality and Social Psychology*,47, 1231-1243.
* McCann, S. J. H. [2014] Happy twitter tweets are more likely in American States with lower levels of resident neuroticism. *Psychological Reports*,114, 891-895.
* Mehrabian, A. [1968] Relationship of attitude to seated posture orientation, and distance. *Journal of Personality and Social Psychology*,10, 26-30.
* Oettingen, G., & Wadden, T. A. [1991] Expectation, fantasy, and weight loss: Is the impact of positive thinking always positive? *Cognitive Therapy and Research*,15, 167-175.
* Olk, P. M., & Gibbons, D. E. [2010] Dynamics of friendship reciprocity among professional adults. *Journal of Applied Social Psychology*,40, 1146-1171.
* Pham, L. B., & Taylor, S. E. [1999] From thought to action : Effects of process-versus outcome-based mental simulations on performance. *Personality and Social Psychology Bulletin*,25, 250-260.
* Pool, M. M., Koolstra, C. M., & Voort, T. H. A. V. [2003] The impact of background radio and television on high school students homework performance. *Journal of Communication*, 53, 74-87.

brainstorming effectiveness for 2 industrial samples. *Journal of Applied Psychology*,47, 30-37.

* Dyke, L. S., & Murphy, S. A. [2006] How we define success: A qualitative study of what matters most to women and men. *Sex Roles*,55, 357-371.
* Franke, G. R., & Park, J. E. [2006] Salesperson adaptive selling behavior and customer orientation: A meta-analysis. *Journal of Marketing Research*,43, 693-702.
* Frese, M., Teng, E, & Wijnen, C. J. D. [1999] Helping to improve suggestion systems:
* Predictors of making suggestions in companies. *Journal of Organizational Behavior*,20, 1139-1155.
* Friedmann, K. [1988] The effect of adding symbols to written warning labels on user behavior and recall. *Human Factors*,30, 507-515.
* Golby, J., & Sheard, M. [2004] Mental toughness and hardiness at different levels of rugby league. *Personality and Individual Differences*,37, 933-942.
* Gresham, F. M., & Nagle, R. J. [1980] Social skills: Training with children: Responsiveness to modeling and coaching as a function of peer orientation. *Journal of Consulting and Clinical Psychology*,48, 718-729.
* Groysberg, B., & Lee, L. E. [2008] The effect of colleague quality on top performance: The case of security analysts. *Journal of Organizational Behavior*,29, 1123-1144.
* Gueguen, N., & Lamy, L. [2013] Weather and helping: Additional evidence of the effect of the Sunshine Samaritan. *Journal of Social Psychology*,153, 123-126.
* Hill, S. E., Rodeheffer, C. D., Griskevicius, V., Durante, K., & White, A. E. [2012] Boosting beauty in an economic decline: Mating, spending, and the lipstick effect. *Journal of Personality and Social Psychology*,103, 275-291.
* Hirshleifer, D., & Shumway, T. [2003] Good day sunshine: Stock returns and the weather. *Journal of Finance*, 58, 1009-1032.
* Huffmeier, J., Krumm, S., Kanthak, J., & Hertel, G. [2012] "Don't let the group down": Facets of instrumentality moderate the motivating effects of groups in a field experiment. *European Journal of Social Psychology*,42, 533-538.
* Huselid, M. A. [1995] The impact of human resource management practices on turnover, productivity, and corporate financial performance. *Academy of Management Journal*,38, 635-672.
* Isenberg, D. J. [1984] How senior managers think. *Harvard Business Review*,62, 81-90.

◉参考文献

* Anderson,C.,&Shirako,A.[2008] Are individuals' reputations related to their history of behavior? *Journal of Personality and Social Psychology*,94,320-333.
* Akerstedt,T.[1977] Inversion of the sleep wakefulness pattern: Effects on circadian variables in psychophysiological activation. *Ergonomics*,20,459-474.
* Bandura,A., & Schunk,D.H. [1981] Cultivating competence, self-efficacy, and intrinsic interest through proximal self-motivation. *Journal of Personality and Social Psychology* ,41, 586-598.
* Bantel,K.A. [1993] Comprehensiveness of strategic planning: The importance of heterogeneity of a top team. *Psychological Reports*,73, 33-49.
* Bartis, S., Szymanski, K., & Harkins, S. G. [1988] Evaluation and performance: A two-edged knife. *Personality and Social Psychology Bulletin* ,14, 242-251.
* Bennis, W. [1999] The end of leadership: Exemplary leadership is impossible without full inclusion, initiatives, and cooperation of followers. *Organizational Dynamics*,28, 71-79.
* Blake, M. J. F. [1967] Time of day effects on performance in a range of tasks. *Psychonomic Science*,9, 349-350.
* Blickle, G., Schneider, P. B., Liu, Y., & Ferris, G. R. [2011] A predictive investigation of reputation as mediator of the political-skill/career-success relationship. *Journal of Applied of Social Psychology*,41, 3026-3048.
* Bradley, G. L., & Sparks, B. A. [2000] Customer reactions to staff empowerment: Mediators and moderators. *Journal of Applied Social Psychology*,30, 991-1012.
* Buehler, R., Griffin, D., & Ross, M. [1994] Exploring the "Planning Fallacy": Why people underestimate their task completion times. *Journal of Personality and Social Psychology*,67, 366-381.
* Carre, J., Muir, C., Belanger, J., & Putnam, S. K. [2006] Pre-competition hormonal and psychological levels of elite hockey players: Relationship to the "home advantage". *Physiology and Behavior*,89, 392-398.
* Chiu, C. Y., Tsang, S. C., & Yang, C. F. [1988] The role of face situation and attitudinal antecedents in Chinese consumer complaint behavior. *Journal of Social Psychology*,128, 173-180.
* Dunnette, M. D., John, C., & Kay, J. [1963] The effect of group participation on

内藤誼人（ないとう よしひと）

心理学者。立正大学心理学部客員教授。アンギルド代表。

心理学の知見をわかりやすく実践的に紹介することに定評があり、固定ファンも多い。

著作は200冊を超える。

近著に『リーダーのための「貞観政要」超入門』（水王舎）、『ヤバすぎる心理学』（廣済堂出版）、『裏社会の危険な心理交渉術」（総合法令出版）などがある。

リーダーのための『孫子《そんし》の兵法《へいほう》』超入門

2019年1月1日　第一刷発行

著者　内藤誼人
発行人　出口汪
発行所　株式会社水王舎
東京都新宿区西新宿6-15-1
ラ・トゥール新宿511　〒160-0023
電話　03-5909-8920
印刷　厚徳社
カバー印刷　歩プロセス
製本　ナショナル製本
ブックデザイン　冨澤崇
編集協力　中村実（編集企画CAT）
編集統括　瀬戸起彦（水王舎）

 ISBN 978-4-86470-117-4